Harshita patel
Shiv singh tomar

EFEITO DE DIFERENTES DOSES DE FÓSFORO E BIOFERTILIZANTES

Harshita patel
Shiv singh tomar

EFEITO DE DIFERENTES DOSES DE FÓSFORO E BIOFERTILIZANTES

NO CRESCIMENTO, RENDIMENTO E QUALIDADE DO CHICKPEA (Cicer arietinum L.) NA REGIÃO GIRD DE MADHYA PRADESH".

ScienciaScripts

Imprint
Any brand names and product names mentioned in this book are subject to trademark, brand or patent protection and are trademarks or registered trademarks of their respective holders. The use of brand names, product names, common names, trade names, product descriptions etc. even without a particular marking in this work is in no way to be construed to mean that such names may be regarded as unrestricted in respect of trademark and brand protection legislation and could thus be used by anyone.

Cover image: www.ingimage.com

This book is a translation from the original published under ISBN 978-620-7-45736-6.

Publisher:
Sciencia Scripts
is a trademark of
Dodo Books Indian Ocean Ltd. and OmniScriptum S.R.L publishing group

120 High Road, East Finchley, London, N2 9ED, United Kingdom
Str. Armeneasca 28/1, office 1, Chisinau MD-2012, Republic of Moldova, Europe
Printed at: see last page
ISBN: 978-620-7-65662-2

ÍNDICE DE CONTEÚDOS

RECONHECIMENTO

É, de facto, com grande prazer que tenho o privilégio de exprimir a minha gratidão ao presidente do meu comité consultivo, Dr. S. S. Tomar, Professor, Departamento de Agronomia, Escola Superior de Agricultura, Universidade ITM de Gwalior, Madhya Pradesh, pela sua orientação útil e esclarecedora, conselhos inestimáveis, críticas construtivas, encorajamento constante e ajuda generosa ao longo de toda a investigação e pela sua apresentação adequada sob a forma deste manuscrito.

Os meus sinceros agradecimentos ao Exmo. Sr. Diretor-Geral e Pró-Reitor, Dr. Daulat Singh Chauhan, ao Exmo. Sr. Vice-Reitor, Prof. Dr. S.S. Bhaskar, ao Conservador, Dr. Omveer Singh, por me terem dado a oportunidade e proporcionado todas as facilidades necessárias durante o decurso desta investigação.

Com um profundo sentimento de veneração e obrigação do fundo do meu coração, peço que todo o conjunto de palavras de agradecimento e reverência marque a minha gratidão para com os membros do meu comité consultivo, Dr. Jai Dev Sharma, Professor e Diretor, bem como para com o membro do maior, Dr. Dinesh Baboo Tyagi, Professor Associado, membro do menor, pelo seu apoio inspirador e sugestões construtivas.

Sinto-me grato ao Dr. Shiv Singh Tomar, Professor e Ex. Dean, Escola de Agricultura, Universidade ITM de Gwalior, pelos seus conselhos contínuos e idosos durante este curso de estudo.

Dr. Shailesh Kumar Singh, Diretor da Escola de Agricultura da Universidade ITM, Gwalior M.P., pelas suas sugestões úteis e pela sua ajuda atempada na realização do meu trabalho de investigação.

Os meus sinceros agradecimentos ao Prof. Dr. Girish Goyal, Departamento de Agronomia, Escola Superior de Agricultura, Universidade ITM, Gwalior M.P., pelas suas sugestões úteis e ajuda atempada na realização do meu trabalho de investigação.

Agradecemos a todos os professores respeitados da Escola de Agricultura da Universidade ITM de Gwalior

Reconheço com gratidão a ajuda recebida de todo o pessoal não docente, especialmente do Sr. Gajender e do Sr. Ashok.

Expresso os meus agradecimentos especiais aos meus colegas e amigos, especialmente Veetrag, Ruby, Bhavna, Pragya, Sneh, Sonu e Madhav, pela sua ajuda e excelente cooperação durante este trabalho de investigação.

A cooperação registada pelos membros da minha família, especialmente o meu pai, Sr. Vinod Kumar Patel, a minha mãe, Sra. Anuradha Patel, a minha irmã mais nova, Tanmaya Patel, e o meu irmão mais novo, Prathendra Patel, ao longo deste trabalho de investigação é altamente apreciável e, sem as suas bênçãos e apoio, este trabalho não poderia ter sido concluído.

O autor recorda com alegria e gratidão os seus amigos íntimos e benfeitores pelo seu apoio moral, ajuda e encorajamento constante no caminho para a realização deste trabalho. O autor está particularmente grato a outros amigos.

Por fim, termino este breve agradecimento com uma frase lida há vários anos: Nada seria escrito se o autor/ investigador esperasse que o seu trabalho fosse tão perfeito que não pudesse ser melhorado.

julho de 2022.   (Harshita Patel)

MAGN1AG20030

DEPARTAMENTO DE AGRONOMIA

Escola de Agricultura, Universidade ITM, Gwalior- 474001 (M.P) Índia

Título: "Efeito de diferentes doses de fósforo e biofertilizantes no crescimento, rendimento e atributos de qualidade do grão-de-bico (*Cicer arietinum L.)* na região de Madhya Pradesh".

Nome do estudante	**Orientador principal e presidente**
Harshita Patel	Dr. S. S. Tomar
Rolo nº.	
	MAGN1AG20030
Professor	
Mestrado em Agronomia (Ag)	

RESUMO

Um experimento de campo intitulado "Efeito de diferentes doses de fósforo e biofertilizantes no crescimento, rendimento e qualidade do grão-de-bico (*Cicer arietinum L.*) sob a região do cinto de Madhya Pradesh". foi conduzido no Crop Research Centre-1, escola de Agricultura, ITM University, Gwalior- 474001 (M.P.) durante a temporada *Rabi* (2021-22). O solo do campo experimental era de textura franco-arenosa, com um pH de 7,3, CE de 0,35 dS m^{-1}, carbono orgânico de 0,41% e 178,03 kg, 24,45 kg e 382,15 kg de N, P e K disponíveis, respetivamente. A experiência foi realizada num esquema de blocos aleatórios factoriais (FRBD) constituído por dezasseis tratamentos e três repetições. Os tratamentos consistem em quatro níveis de Fósforo (20, 40, 60 kg P ha^{-1}), fonte de Fósforo (SSP) e controlo (sem aplicação de Fósforo) e três Biofertilizantes (Rhizobium, PSB e Rhizobium + PSB) e controlo (sem inoculação de biofertilizantes). A cultura foi semeada em 13th novembro de 2021 e colhida em março de 2022.

Os resultados revelaram que houve diferença significativa entre as várias doses de fósforo e biofertilizantes. Os atributos de crescimento como altura da planta, n^{o} de nódulos por planta, n^{o} de ramos, acumulação de matéria seca foram significativamente influenciados por várias doses de fósforo e biofertilizantes, mas não houve interação significativa entre doses de fósforo e biofertilizantes em todas as fases de crescimento. Registou-se uma melhoria significativa nos atributos de crescimento com a aplicação de 60 kg P ha^{-1} em relação a outros níveis, mas foi igual a 40 kg P ha^{-1}, enquanto a inoculação de Rhizobium + PSB mostrou uma melhoria significativa nos atributos de crescimento em relação a outros tratamentos.

O rendimento (rendimento de sementes, rendimento de caules, rendimento biológico e índice de colheita) e os atributos de rendimento (peso de 100 sementes, número de grãos por vagem e número de vagens por planta) aumentaram até ao nível mais elevado de fósforo, mas só foram significativos até 40 kg P ha^{-1}. No que diz respeito aos biofertilizantes, a inoculação de Rhizobium + PSB registou um rendimento e atributos de crescimento significativamente mais elevados. A aplicação de 60 kg P ha^{-1}, a par de 40 kg P ha^{-1}, registou um teor de proteínas significativamente mais elevado do que os outros níveis. No que respeita aos biofertilizantes, a inoculação de Rhizobium + PSB registou um teor de proteínas significativamente mais elevado.

A absorção de nutrientes de N, P e K foi significativamente maior com a aplicação de

60 kg P ha^{-1} em relação a outros níveis, mas foi igual a 40 kg P ha^{-1} , enquanto a inoculação de Rhizobium + PSB registou uma absorção de nutrientes significativamente maior em relação a outros tratamentos com biofertilizante. Os maiores rendimentos líquidos e rácio B-C foram observados sob a aplicação de 40 kg P ha^{-1} com Rhizobium + PSB.

Com base no estudo, pode concluir-se que a aplicação de 40 kg de P ha^{-1} com inoculação de Rhizobium + PSB foi considerado o melhor tratamento para aumentar o crescimento, o rendimento, a qualidade e obter maior rendimento líquido e rácio B-C.

(Dr. S. S. Tomar)　　　**(HARSHITA PATEL)**

Orientador principalEstudante de Ciências Agrárias

julho de 2022

ABREVIATURAS

DAS-Dias após a sementeira
%-por cento
@-ao ritmo
Diferença   crítica de CD
CM-centimetro
CM^2 - centímetro quadrado
^{0} C-grau Celsius
Dia^{-1} - por dia
$dS\ m^{-1}$ -Deci Siemen por metro
Condutividade eléctrica CE
et al.   -e outros
fig.   -figura
g-grama
gm^{-2} -grama por metro quadrado
ha^{-1} -por hectare
HI-índice de colheita
Horas   - horas
ou seja
kg-quilograma
$kg\ ha^{-1}$ -kilograma por hectare
k-potássio
L   - litro
M   - contador
M^2 - metro quadrado
m^{-2} - por metro quadrado
mm-milímetro
max.   -máximo
min.   -mínimo
ml-mililitro
m.   t-milhões de tons
pH-potencial de hidrogénio
$fábrica^{-1}$ -por fábrica
p   - fósforo
q   - quintal
$q\ ha^{-1}$ -quintal por hectare
Desenho de blocos aleatórios   RBD
RF-rainfall
Rs/--rupees
SEm±-   erro padrão da média
Temp.   -temperatura
Tom T
$T\ ha^{-1}$ -tom por hectare
A   saber

CAPÍTULO - 1
INTRODUÇÃO

As leguminosas são uma parte essencial da nossa vida quotidiana e a fonte mais barata de proteínas alimentares. Quando combinadas com outros alimentos cozinhados, o teor proteico das leguminosas aumenta o valor nutricional da dieta para as plantas. Através da fixação de azoto da atmosfera, da adição de biomassa ao solo e da secreção de substâncias promotoras de crescimento, as leguminosas são também conhecidas por aumentar a produtividade do solo. O grão-de-bico é uma das leguminosas que os agricultores de todo o país preferem plantar, uma vez que está bem adaptado a ambientes de sequeiro e requer menos recursos agrícolas.

O grão-de-bico (*Cicer arietinum* L.) pertence à família Leguminoceae. É uma das principais culturas de leguminosas de rabi na Índia. É uma das leguminosas para grão mais valiosas cultivadas em todo o mundo. Foi criada em 1975 no sudeste da Turquia (Ladizinski). O nome *Cicer* é de origem latina e deriva da palavra *grega "Kikus"*, que significa força ou resistência. O grão-de-bico é uma leguminosa de grão básico em toda a Ásia e, por ser uma fonte de proteínas abundante e acessível, pode ajudar as pessoas a melhorar o teor de nutrientes das suas dietas. As sementes contêm, em média, cerca de 22-24% de proteínas, 5% de gorduras e 55% de hidratos de carbono. A agricultura indiana depende fortemente das culturas de leguminosas, e o país é o maior produtor e consumidor mundial de leguminosas. Quase três vezes mais proteínas de alta qualidade são encontradas nas leguminosas do que nos cereais. Por conseguinte, são uma fonte mais acessível para ajudar as pessoas que sofrem de desnutrição proteica. As leguminosas são uma das principais fontes de proteínas nas dietas vegetarianas. Na realidade, a lisina é o aminoácido necessário menos abundante nos cereais e muito aumentado pelas proteínas das leguminosas.

A exsudação das folhas, denominada Amb, contém ácidos oxálico (5%) e melíco (95%) que possuem valor medicinal para bronquite, cólera, prisão de ventre, diarreia, distúrbios digestivos, verrugas causadas por mordeduras de cobra e purificação do sangue. As sementes germinadas são recomendadas para curar a doença do escorbuto.

Além disso, sendo um importante item da alimentação humana e animal, o grão-de-bico também desempenha um papel importante na manutenção da produtividade do solo, fixando o azoto atmosférico até 35 kg ha^{-1} (Rupela,1987). O grão-de-bico economiza a aplicação de azoto para as culturas cerealíferas seguintes, na ordem dos 56-68 kg N ha^{-1} (Ahlawat *et al.*, 2010), que é uma das mais elevadas entre as leguminosas. Com o desenvolvimento de variedades de curta duração, o grão-de-bico demonstrou uma vantagem comparativa ao contribuir para a diversificação das culturas através de uma rotação remuneradora e de culturas intercalares. Assim, o grão-de-bico pode desempenhar um papel importante na manutenção do sistema de cultivo à base de cereais, que são a tábua de salvação da segurança alimentar no país.

O grão-de-bico é a leguminosa para grão mais importante do mundo, a seguir ao feijão seco e à ervilha seca. O seu

O seu cultivo está principalmente confinado à Ásia, com 90 % da área e da produção mundiais. Além da Ásia, é também cultivada na América do Norte e Central, na região mediterrânica, na região da Ásia Ocidental e Norte de África (WANA) e na África Oriental. Recentemente, a cultura expandiu-se para novos países, como a Austrália e o Canadá. O grão-de-bico é cultivado principalmente como cultura de sequeiro sob condições de humidade conservada na estação pós-chuvosa nas regiões tropicais semi-áridas e nas estações da primavera e do inverno nas regiões de clima temperado e mediterrânico. O tipo Kabuli é cultivado principalmente na região da Ásia Ocidental e do Norte de África, na América e na Europa, enquanto os tipos desi predominam na Ásia, em partes de África e na Austrália.

Entre as leguminosas, o grão-de-bico ocupa o terceiro lugar no mundo. O grão-de-bico registou a maior produção de sempre, 11,38 milhões de toneladas, com um nível de produtividade recorde de 1078 kg/ha, numa área de 10,56 milhões de hectares. Os principais 07 Estados que contribuíram com mais de 71% da produção de grama foram Madhya Pradesh (4,60 Mt), Maharashtra (1,83 Mt) e Rajasthan (1,69 Mt). Os maiores países produtores de grama são a Índia e o Paquistão. A Índia ocupa o primeiro lugar no mundo em termos de produção e de área cultivada, seguida pelo Paquistão. Os maiores Estados produtores de grama na Índia, em termos de área, são Madhya Pradesh, Andhra Pradesh, Rajasthan, Haryana e Karnataka.

O fósforo é um dos principais nutrientes das plantas. É um elemento indispensável que desempenha um papel único em vários processos metabólicos e de transformação de energia das plantas. A maior importância do fósforo é geralmente um constituinte de fosfolípidos, ácidos nucleicos, proteínas, co-enzimas, NAD, NADP e ATP. É essencial para o crescimento e desenvolvimento dos nódulos radiculares e para a multiplicação e eficácia das bactérias dos nódulos radiculares. É também necessário para a divisão celular, um constituinte dos cromossomas, estimula o desenvolvimento das raízes, o crescimento meristemático, o desenvolvimento das sementes e dos frutos e estimula a floração. A aplicação de fósforo aumenta o teor de proteínas nas sementes de grão-de-bico.

O principal problema do fertilizante de fósforo é a sua baixa disponibilidade. O fósforo é bastante imóvel e reversível, o que o torna indisponível para as plantas. Consequentemente, apenas 10-25% do fósforo aplicado é utilizado pelas culturas.

Os biofertilizantes são fontes rentáveis, ecológicas e renováveis de nutrição vegetal (Khan et al, 2007). Estes são também conhecidos como inoculantes microbianos. Existem diferentes tipos de inoculantes microbianos. Alguns inoculantes importantes são os inoculantes *Rhizobium*, Azotobacter, Micorriza Arbuscular (AM), inoculantes de algas verdes azuis, azolla, inoculantes de bactérias solubilizadoras de fosfato (PSB), etc.

Os inoculantes *de Rhizobium* são amplamente utilizados como biofertilizante para aumentar o crescimento e o rendimento do grão-de-bico, uma vez que fixam simbioticamente o azoto atmosférico. A inoculação com *Rhizobium* aumentou a nodulação e o rendimento das sementes até 35% (Bhuiyan *et al.*, 1998). Gupta e Namdeo (1996) descobriram que a inoculação de sementes com *Rhizobium* aumentou o rendimento de sementes de grão-de-bico de 9,6 a 27,9%. Um melhor desenvolvimento das raízes é útil para uma melhor nodulação por bactérias *Rhizobium* em culturas de leguminosas.

As bactérias solubilizadoras de fosfato (PSB) têm capacidade para dissolver a forma insolúvel de fosfato inorgânico e torná-lo disponível para as culturas. Estes resultados estão em conformidade com os resultados registados por Kamparia (1995). Os fosfatos do solo são disponibilizados quer pelas raízes das plantas quer pelos microrganismos do solo, através da secreção de ácidos orgânicos, como o ácido fórmico, o ácido acético, o ácido propiónico, o ácido lático, o ácido glicólico, etc. Os PSB podem também libertar fosfato solúvel no solo através da decomposição de fosfato de compostos orgânicos.

Objectivos:

- Descobrir os níveis de fósforo adequados para um maior rendimento do grão-de-bico.

- Avaliar o efeito dos "biofertilizantes" no crescimento e no rendimento do grão-de-bico.

- Descobrir o efeito de interação entre os níveis de fósforo e os biofertilizantes no crescimento e rendimento do grão-de-bico. Se houver, e

- Calcular os custos económicos de várias combinações de tratamento.

CAPÍTULO - 2
REVISÃO DE LITERATURA

Neste capítulo, foi feita uma tentativa de fornecer uma síntese sucinta dos principais resultados experimentais que abordam o efeito dos níveis de fósforo com *Rhizobium* e PSB na qualidade e produção de grão-de-bico. Estes resultados são apresentados nas rubricas seguintes.

2.1 Efeito do fósforo

O fósforo é crucial para o crescimento das raízes, nodulação, floração e frutificação. As culturas de leguminosas respondem bem ao fertilizante de fósforo, que constitui uma forma útil de melhorar o teor de azoto do solo. A aplicação de fósforo ao grão-de-bico promove um maior crescimento e rendimento da colheita em termos de proteínas importantes.

2.1.1 Efeito do fósforo na absorção de nutrientes pelo grão-de-bico

Singh *et al.* (1995) revelaram que, quando aplicados à cultura da soja, 35,2 kg de P2O5 ha^{-1} resultaram nos mais altos níveis de absorção de N e carbono orgânico do solo.

Patel e Chandravanshi (1996) mostraram que a aplicação de fósforo aumentou os níveis de azoto e fósforo nas sementes e palha de soja.

Nimje e Potkile (1997) referiram que a aplicação da taxa de P aumentou a quantidade de clorofila, o azoto total das plantas, o azoto dos nódulos radiculares, o fósforo das plantas e o k das plantas no grão-de-bico.

Bhakare e Sonar (2000) relataram que a absorção de fósforo na grama e na palha era muito maior quando o fósforo era aplicado a uma taxa de 100 kg ha^{-1}

Panwar e Singh (2000) relataram que o teor de fósforo no grão e na palha poderia ser aumentado mais eficazmente pela inoculação com Basillus substillis do que pela inoculação com Azospirillum brasilense.

Rashmi Awasthi *et al.* (2011) os rendimentos das culturas e a absorção de fósforo pelas plantas aumentam quando as bactérias solubilizadoras de fósforo (PSB) são utilizadas como inoculantes do solo.

Moin Uddin *et al.* (2014) Descobriu-se que a FBN + FBP, entre os tratamentos com biofertilizante, teve os melhores resultados para o rendimento do grão-de-bico e parâmetros de qualidade, bem como para a absorção de nutrientes.

2.1.2   Efeito do fósforo na qualidade do grão-de-bico

Sharma e Vyas (2002) sugeriram que o aumento dos níveis de fósforo até 60 kg ha^{-1} aumentou consideravelmente a proteína, o teor de óleo e a produção de óleo de soja. Togay, *et al.* (2002) observaram que a produção e o teor de proteínas foram ambos aumentados pela adição de fósforo,

Kausadikar *et al.* (2003) revelaram que, entre os vários níveis de fósforo, 90 kg de P2O5 ha^{-1} produziu o maior teor de proteína bruta da soja (39,06%).

Khourgami e Farnia (2009) referiram que as aplicações de fósforo até 100 kg ha^{-1} aumentaram a produção de proteínas e o peso das sementes de grão-de-bico.

Sahu e Singh (2009) referiram que, à exceção do tratamento M2 (RDF+Fe+FeS04), todos os tratamentos com micronutrientes e biofertilizantes apresentaram um teor de proteínas nos grãos consideravelmente mais elevado do que o controlo. Os estudos sobre o manuseamento de micronutrientes e biofertilizantes diferiram.

Dotaniya *et al.* (2013) referiram que o fósforo pode melhorar os indicadores de qualidade das leguminosas, como as proteínas e os aminoácidos.

2.1.3 Efeito do fósforo no rendimento do grão-de-bico

Dwivedi et al. (1999), relataram que a soja produziu o maior rendimento de sementes, com 80 kg P2O5 ha$^{-1.}$

Goswami *et al.* (1999) relataram que 60 kg P2O5 ha^{-1} produziu os maiores rendimentos de grãos e palha.

Bhakare e Sonar (2000) referiram que a aplicação de fósforo a uma taxa de 100 kg ha^{-}^{1} resultou numa absorção visivelmente maior de fósforo nos rendimentos do grão de bico.

Bothe *et al.* (2000) observaram que a produção de sementes e palha aumentou com o aumento da dose de fósforo até 75 kg de P2O5 ha^{-1} .

Rajendran e Lourduraj (2000) descobriram que níveis de fósforo de 100 kg P2O5 ha^{-1} aumentaram muito a produção de sementes de soja.

Mukherjee e Rai (2000) relataram que, entre os biofertilizantes, o PSB (Pseudomonas striata) produziu os melhores níveis de produção de matéria seca e rendimento de grãos.

Tamboli e Daftardar (2001) referiram que o fósforo aumentava o rendimento, a acumulação de matéria seca, o peso das raízes e o volume das raízes das leguminosas.

Ramasamy *et al.* (2001) relataram que o tratamento de fósforo a 80 kg ha^{-1} resultou numa quantidade visivelmente maior de vagens por planta.

Bahadur *et al.* (2002) observaram que o fósforo a 60 e 80 kg ha^{-1} aumentou significativamente o rendimento e os caracteres que atribuem rendimento.

Sharma *et al.* (2002) relataram que a aplicação de 60 kg de P_2O_5 ha^{-1} de fósforo resultou em maior rendimento, matéria seca e componentes de rendimento do que a aplicação de 30 kg de P_2O_5 ha^{-1} . Meena *et al.* (2002) realizaram uma experiência de campo e descobriram que a adição de bactérias de fósforo aumentou consideravelmente o rendimento de grãos, o benefício financeiro e a relação B:C do grão-de-bico cultivado em condições de sequeiro.

Kumar e Singh (2004) referiram que a aplicação de fósforo aumentou significativamente o rendimento das sementes de grão-de-bico e, consequentemente, muitos parâmetros de rendimento.

Tanwar e Shaktawat (2004) relataram que a aplicação de 90 kg de P_2O_5 ha^{-1} à produção de sementes aumentou o rendimento da soja e as características de rendimento.

Kanajia e Sharma (2008) observaram que a semente, o caule e o rendimento biológico foram todos visivelmente impulsionados pela fertilização com fósforo a 60 kg de P_2O_5 ha^{-1} .

Asad Rokhzadi e Vafa Toashih (2011) concluíram que a aplicação de qualquer um dos tratamentos de inoculação examinados - especialmente os que incluíam Azosprillum ou Azotobacter - pode aumentar o crescimento e o rendimento das plantas de grão-de-bico em comparação com as plantas não inoculadas.

Dhankher *et al.* (2013) afirmaram que a utilização de PSB como inoculante aumentou simultaneamente a disponibilidade de P para as plantas e a produção agrícola.

2.2   Bactérias solubilizadoras de fosfato como inoculante

A questão da alimentação de fósforo para as plantas é complicada, uma vez que apenas 10 a 25 por cento do fósforo adicional é utilizado pelas plantas, sendo o restante fixado no solo. Tanto o fosfato inorgânico insolúvel como o fósforo nativo do solo podem ser dissolvidos pelos organismos solubilizadores de fósforo (Misra, 1985). O fosfato inorgânico no solo é convertido por micróbios, e este processo é crucial para as necessidades de fósforo das plantas (Babenko, *et al.* 1984).

2.2.1 Efeito do PSB na absorção de nutrientes do grão-de-bico

Amara (1999) mostrou que a aplicação de micronutrientes às plantas antes da sua inoculação com uma mistura de bactérias fixadoras de azoto e PSB melhorou a sua disponibilidade.

Paratey e Wani (2005) De acordo com a investigação, o grão-de-bico inoculado com Aspergillus awamori absorveu a maior quantidade de N e P.

Prasad K. (2008) Descobriu-se que a aplicação de vermicomposto, PSB e DAP aumentou o rendimento do grão-de-bico e a absorção de nutrientes.

Thenua *et al.* (2011) relataram que o uso da inoculação de PSB aumentou consideravelmente a capacidade do grão-de-bico de absorver nutrientes. Efeito do PSB na qualidade do grão-de-bico

Ahmad e Jha (1997) indicaram que a inoculação de PSB pode estar relacionada com a solubilização bacteriana de P aplicado nativamente no solo, o que aumenta as qualidades que caracterizam o grão-de-bico.

Amara (1999) verificou que a inoculação de grão-de-bico com uma mistura de PSB e bactérias fixadoras de azoto melhorou as suas características que contribuem para a qualidade.

Ramesh e Sable (2001) observaram que a aplicação de solubilizadores de P aumentou consideravelmente o teor de proteínas do amendoim.

Meena *et al.* (2004) referiram que a PSB aumentou significativamente o teor de N e P, a sua absorção e o teor de proteínas no grão de grão-de-bico em comparação com o controlo não tratado.

G. S. Tagore *et al.* (2005) descobriram que a utilização de PSB aumentou consideravelmente a produção e a concentração de proteínas no grão e na palha de cultivares de grão-de-bico.

Sahni *et al.* (2008) referiram que a utilização de biofertilizantes como o PSB melhorou a disponibilidade de elementos nutricionais e também aumentou o teor de fibra bruta, amido e proteínas no grão de grão-de-bico.

Khorgamy e Farnia (2009) relataram o impacto da fertilização com fósforo e PSB na produção de grão-de-bico e demonstraram que o PSB teve um impacto substancial no número de vagens por planta, número de sementes por vagem, índice de colheita e concentração de P no grão.

2.2.2 Efeito da PSB no rendimento do grão-de-bico

Pal (1997) referiu que a inoculação de sementes com a estirpe local PSB (PAS-2) de Bacillus spp. aumentou consideravelmente a produção de soja em comparação com o controlo.

Sonbeer e sarawagi (1998) revelaram que a inoculação com PSB, por si só, aumentou a produção de grãos em
7,29 por cento.

Amara (1999) chegou à conclusão de que a inoculação com uma mistura de PSB e bactérias fixadoras de azoto aumentou a disponibilidade de micronutrientes nas plantas e também aumentou a produção.

Bothe *et al.* (2000) demonstraram que a inoculação de sementes de soja com PSB aumentou significativamente o seu rendimento em relação ao controlo não inoculado.

Paratey e Wani (2005) observaram que os isolados solubilizadores de fosfato aumentaram consideravelmente o rendimento de grãos de soja.

Gupta (2006) estabeleceu que as bactérias solubilizadoras de fosfato segregam compostos ácidos e solubilizam o fósforo inacessível do solo quando inoculadas, o que pode aumentar a produção de leguminosas.

Singh (2006) observou que a inoculação de PSM aumentou consideravelmente o rendimento de grãos de feijão mungo.

2.3. Efeito dos níveis de P com interação PSB

As bactérias solubilizadoras de fósforo têm a capacidade de converter o fosfato insolúvel numa forma solúvel através da secreção de ácido orgânico, tornando o fósforo solúvel no solo. Após a inoculação de PSB, foram gerados maiores rendimentos em gramas de sementes e palha (Pawar & Pawar; 1998).

Os efeitos combinados do fósforo e da inoculação com PSB aumentaram significativamente o rendimento de grãos por grama. Gupta e Namdeo (1996)

2.3.1 Efeito da inoculação de PSB na absorção de nutrientes no grão-de-bico

Sarawagi *et al.* (1999) referiram que a aplicação de PSB conduziu a um aumento ainda maior da absorção de azoto e fósforo.

Thirumurugan *et al.* (2002) relataram que 60 e 80 kg de P_2O_5 ha^{-1} juntamente com fosfobactérias a 2 kg ha^{-1} foram as quantidades que produziram a maior absorção de potássio como resultado da aplicação de fósforo.

Bhunia *et al.* (2006) efectuaram um estudo de campo em Rajasthan sobre uma cultura de feno-grego e verificaram que a adição de P ao PSB melhorava a absorção de N, P e K.

Anchal Das (2008) sugeriu que a combinação da aplicação de PSB com fósforo até 40 kg de P_2O_5 ha^{-1} resultará num aumento considerável da absorção de N, P e K no grão de grão-de-bico.

Thenua *et al.* (2010) mostraram que, em comparação com o controlo não tratado, o tratamento combinado de PSB + fósforo aumentou consideravelmente o teor de N e P e a sua absorção nas sementes de grão-de-bico.

Rathore *et al.* (2010) observaram que o tratamento combinado de PSB + Fósforo 40 kg ha^{-1} resultou na maior absorção de N, P e K no feijão.

Gangwar e Dubey (2012) referiram que a aplicação de 100 por cento de FTR + PSB teve um impacto positivo no rendimento das sementes, no teor de N, P e K, bem como na sua absorção pelas sementes de grão-de-bico.

2.3.2 Efeito da interação na qualidade do grão-de-bico

Sonbeer e Sarawagi (1998) relataram que o impacto do PSB nas métricas de qualidade foi mais significativo com 60 kg de fósforo do que com 30 kg de fósforo.

Mukherjee e Rai (1999) referiram que a combinação de biofertilizante (PSB) e fósforo aumentou consideravelmente a biomassa radicular quando comparada com qualquer um dos componentes isoladamente.

Tyagi *et al.* (2003) referiram que o efeito da interação entre o fósforo e o biofertilizante melhorou consideravelmente o peso e a qualidade do grão-de-bico. Singh *et al.* (2006) revelaram que a inoculação de PSM e a aplicação de 60 kg de P_2O_5 ha^{-1} de fósforo levaram a um crescimento visivelmente mais elevado do que quantidades inferiores e superiores de fósforo.

Singh e Prasad (2008) indicaram que a utilização de fósforo + PSB aumentou significativamente a produção de sementes, palha e proteínas de grão-de-bico em comparação com o tratamento sem inoculação.

Shyam Das *et al.* (2012) sugeriram que a inoculação combinada de PSB e fósforo melhorou consideravelmente o peso do teste, o teor de proteínas e a produção de proteínas do grão-de-bico.

2.3.3 Efeito da interação no rendimento e nos atributos de crescimento

Yadav e Shrivastava (1997) relataram que a inoculação de PSB com tratamento de fósforo aumentou a produção de grama quando comparada ao fósforo sozinho em todos os níveis, embora a diferença não tenha se aproximado do limiar de significância.

Sonbeer e Sarawagi (1998) referiram que o efeito da PSB era mais evidente quando eram aplicados 60 kg de fósforo em relação à produção vegetal.

Sarawgai *et al.* (1999) relataram que o uso de PSB em conjunto com fertilizante de fósforo aumentou o rendimento de grãos.

Arya *et al.* (2002) relataram que a produção de grãos e palha da cultura do grão-de-bico foi significativamente aumentada pela aplicação de 60 kg de P_2O_5 ha^{-1} e PSB.

Singh *et al.* (2008) observaram que a administração de 40 kg de P2O5 ha^{-1} por DAP com PSB resultou num rendimento de sementes significativamente maior.

Shyam Das *et al.* (2012) relataram que a aplicação de fósforo e PSB em conjunto aumentou consideravelmente o rendimento de grãos e de palha da cultura do grão-de-bico.

2.4. Efeito dos níveis de P com a interação PSB e *Rhizobium*.

A dupla inoculação aumenta a nodulação, o crescimento das plantas, a fixação de N_2 e o rendimento em comparação com a inoculação simples e o controlo (Dubey, 1993). A cultura de *rizóbios* é utilizada para aumentar a produção de leguminosas, enquanto as bactérias solubilizadoras de fosfato (PSB) desempenham um papel importante na disponibilização de P às plantas cultivadas.

2.4. 1 Efeito da inoculação dupla (*Rhizobium* + PSB) no crescimento, absorção de NPK e rendimento do grão-de-bico

Mandhare *et al.* *(1995)* descobriram que o tratamento NPK + FYM + aplicação de biofertilizante resultou num aumento considerável da absorção de N, P, K do que o controlo.

Pant *et al.* (1995) relataram que uma inoculação combinada de P. *striata* e B. *japonicum* aumentou significativamente o nível de nitrogénio e fósforo.

Dubey (1996) Quando utilizado em conjunto com fertilizantes fosfatados, um estudo de campo sobre soja cultivada em condições de sequeiro em Vertisol constatou que o tratamento de sementes com inoculante de P. *striata* aumentou o teor de fósforo da cultura, mas o maior aumento e teor de P foram observados com fosfato de rocha em oposição ao superfosfato.

Patel *et al.* (1998) Num ensaio de campo com ervilhas de jardim, foi demonstrado que a aplicação de 50% dos níveis de nutrientes necessários - 20 kg de N + 80 kg de P_2O_5 + 40 kg de K_2O/ha - juntamente com *Rhizobium* + PSM aumentou muito o número de vagens por planta, grãos por vagem e rendimento de vagens.

Rooge *et al.* (1998) relataram que a inoculação de B. polymaxa ou biophos teve um impacto substancial no conteúdo e absorção de P na semente e palha na colheita em comparação com os respectivos controlos não inoculados. Tratamento de P através de SSP e RP ou suas misturas.

Singh *et al.* (1998) Verificou-se que a inoculação de *Rhizobium* e a inclusão de FYM aumentaram consideravelmente a produção de grãos de soja em ambos os anos, em comparação com o controlo não inoculado. As parcelas que receberam inoculação de *Rhizobium*, que é equivalente ao tratamento com FYM, apresentaram a maior produção de grãos. Como evidenciado pelo maior número de nódulos e seu peso, o que levou a um melhor fornecimento de N em maior quantidade para a planta, o aumento no rendimento de sementes de soja após a inoculação com *Rhizobium* parece ser o resultado do estabelecimento adequado e maior infeção de estirpes de *Rhizobium* em mais locais.

Das *et al.* (1999) O efeito de *Rhizobium* e *VA-Mycorrhiza* na grama verde no solo laterítico ácido de Bhubaneshwar foi documentado numa experiência em vaso. Na experiência, tanto a cal como a RP, SSP e a sua mistura (1:1), bem como resíduos orgânicos, foram utilizados como fontes de P. Descobriu-se que a inoculação dupla aumentou consideravelmente a ingestão de N, P e K do greengram colhido aos 65 dias de crescimento.

Dubey (1999) observou que, em comparação com os tratamentos de controlo e de B. *japonicum* isolado, a inoculação com B. *japonicum* alterado com molibdénio proporcionou um rendimento consideravelmente mais elevado. O inoculante de B. *japonicum* alterado com uma dose menor de Mo @ 0,1 por cento é suficiente e igualmente eficaz com a dose maior para melhorar a qualidade e a eficácia do inóculo, o processo de fixação de N_2 e a produção de sementes de soja, para resumir.

Namdeo e Gupta (1999) Uma experiência de campo com C. *cajan* durante a estação kharif revelou que as sementes inoculadas com *Rhizobium* e PSB produziram. Em comparação com 100% de FTR isolado, *Rhizobium*, PSB e *Rhizobium* PSB com 100% de FTR produziram rendimentos de grãos que foram respetivamente 13,8 e 20,4 por cento superiores. *Rhizobium* + PSB + 75% RDF produziu virtualmente o mesmo rendimento, usando 25% menos fertilizante químico. Palarpawar *et al.* (1999) revelaram um rendimento mais elevado de 10,39 q/ha no tratamento com inoculante *Rhizobium* + fosfatos devido ao aumento do número de vagens. Num estudo de campo com tratamentos de *Rhizobium* e quatro níveis de fósforo, (10, 30, 60 e 90 kg P_2O_5 ha^{-1}).

Paul e Verma (1999) observaram que o *Rhizobium* ou o A. *chroococcum* sozinhos aumentavam muito o rendimento do grão-de-bico.

Sharma e Namdeo (1999) Numa experiência de campo com a variedade de soja MACS-13, os biofertilizantes foram aplicados separadamente ou em combinação, e o tratamento que produziu o maior rendimento de sementes foi 75 kg P2O5 ha^{-1} + *Rhizobium* + FYM + PSB. Em comparação com *Rhizobium* ou PSB isoladamente, *Rhizobium* + PSB foi mais vantajoso.

Sharma *et al.* (1999) realizaram uma experiência de campo com grama preta, utilizando dois níveis de azoto e 11 estirpes de *Rhizobium*, e verificaram que a combinação *Rhizobium* + azoto produziu o rendimento máximo de grama preta.

Thakur (1999) relatou que a inoculação de cultura de *Rhizobium* na superfície de sementes secas antes da semeadura ajudou a melhorar o rendimento de sementes e palha, um aumento significativo no rendimento de sementes e palha foi observado até 40 kg de P_2O_5 e 20 kg de S por ha.

Sharma *et al.* (2000) indicaram que, em diferentes fases de crescimento da grama preta, o tratamento com azoto e a inoculação com *Rhizobium* aumentaram consideravelmente a acumulação de matéria seca (g/planta). A combinação de N 20 kg/ha com o tratamento com *Rhizobium* produziu o rendimento máximo.

Shrivastava e Rajput (2000) realizaram estudos de campo em Madhya Pradesh durante as épocas de colheita de 1995 e 1996 para examinar como as bactérias solubilizadoras de fosfato afectam o rendimento das sementes de grama preta. O tratamento PSB + fertilizantes recomendados teve o melhor rendimento (1109 kg ha^{-1}) em comparação com outros tratamentos, embora tenha sido igual ao tratamento PSB + 75% de fertilizantes recomendados.

Meena *et al.* (2001) descobriram que a aplicação de 40 kg de P_2O_5 ha^{-1} aumentou muito a produção de sementes, palha e vagens por planta. Os rendimentos de vagens/plantas, sementes e palha foram significativamente maiores quando *Rhizobium* e PSB foram inoculados juntos do que quando PSB foi usado sozinho.

Nagarajan e Balachandar (2001) relataram que a aplicação de emendas orgânicas e a inoculação de sementes com *Rhizobium* aumentaram a produção de grãos e a biomassa.

Singh e Sharma (2001) O efeito de várias doses de fertilização com P e da inoculação de *Rhizobium* na absorção de nutrientes foi investigado numa experiência com a estirpe bacteriana T-9 de grama preta. A absorção de N, P e K foi grandemente impulsionada pela aplicação de P. Quando foram aplicados 25 a 45 kg de P/ha, a absorção de N aumentou de 20 para 30 kg/ha. De acordo com Tiwari et al. (2001) [14], com o aumento da aplicação de fósforo (0, 40 e 60 kg P_2O_5 ha^{-1}), a produção de grãos de grão-de-bico aumentou, com 60 kg P_2O_5 ha^{-1} dando o rendimento máximo (23,1 por cento maior do que sem aplicação de fósforo). As maiores produções de palha (24,41 e 24,82 q ha^{-1}) e de sementes (20,97 e 21,53 q ha^{-1}) foram observadas quando as sementes foram infectadas com PSB + *Rhizobium*. Em comparação com a não inoculação, PSB e *Rhizobium* sozinhos, este rendimento foi visivelmente maior.

Kulkarni *et al.* (2002) demonstraram que, em comparação com a mesma dose sem inoculação, a quantidade necessária de fósforo através de fosfato de rocha + chorume de biogás + PSB ofereceu melhor produção de grãos e palha em gramas.

Patel *et al.* (2002) mostraram que, em comparação com o controlo, as estirpes *de Rhizobium* foram melhores no aumento da matéria seca/planta (37,1 e 35,6 kg/ha). Verificou-se que a produção de vagens e os parâmetros de rendimento da cultura do amendoim foram melhorados pela PSM.

Tomar *et al.* (2002) Os níveis de P_2O_5 de 0, 20, 40, 60 e 80 kg/ha foram examinados numa experiência de campo num Vertisol alcalino, meio escuro. O tratamento com PSB mostrou que o conteúdo de P foi significativamente melhor em todos os níveis de P nas fases iniciais de crescimento. Nas fases de desenvolvimento de 55 e 80 dias, a PSB com 60 kg P2O5/ha registou um teor de P significativamente mais elevado. A aplicação de PSB também aumentou o conteúdo de P em níveis mais baixos de P de 20 e 40 kg P_2O_5 por hectare. Com a utilização de PSB, a absorção de P aumentou drasticamente em todas as fases de crescimento.

Tanwar *et al.* (2003) relataram que a aplicação de 60 kg de P2O5 por hectare aumentou a produção de matéria seca das plantas em comparação com o controlo aos 60 dias após a sementeira e na colheita. O rendimento foi muito melhorado pela inoculação de sementes com *Rhizobium* e PSB juntamente com 60 kg de P_2O_5 ha^{-1} .

Bhattarai e Prasad (2003) relataram os efeitos da inoculação de soja com Brady *Rhizobium Japonicum* e Azotobactor *chroococcum*. Todas as características de crescimento das plantas e as qualidades de rendimento mostraram que a inoculação dupla era superior. A inoculação apenas com Azotobactor teve um desempenho pouco melhor do que o grupo de controlo não inoculado.

Gupta e Thomas (2003) investigaram a reação da cultura da soja à inoculação de *Rhizobium* e a vários níveis de enxofre. A inoculação de *Rhizobium* resultou numa produção de grão e de palha visivelmente mais elevada. Juntamente com o rendimento de grãos e de palha, as aplicações de 30 kg S/ha obtiveram os valores mais altos para todos os parâmetros de rendimento, concentrações de enxofre e interação *de Rhizobium*. O tratamento com inoculação de *Rhizobium* + 30 kg S/ha produziu a maior produção de grãos em comparação com todos os outros tratamentos de investigação.

Gautam *et al.* (2003) conduziram uma experiência de campo em Pant Nagar em 2000 e 2001 para examinar o impacto das taxas de fosfato, Pseudomonas sp., Brady *Rhizobium*, e resíduos de pátio agrícola a uma taxa de 1 tonelada ha^{-1} no rendimento de sementes de soja e características de rendimento. Em comparação com todos os outros tratamentos sob avaliação, o tratamento B. *japonicum* + FYM + 26,4 kg P ha^{-1} + PSM produziu a maior produção de sementes de 4021 kg ha^{-1} . Assim, foi determinado que a adição de microrganismos ao estrume do pátio da quinta ajudaria a aumentar o rendimento da soja.

Ingle *et al.* (2003) observaram que, em comparação com *Rhizobium* e *Azospirillum* sozinhos, a inoculação combinada de R. *japonicum* + A. *brasilense* aumentou consideravelmente a produção da cultura. Em comparação com outros tratamentos, a produção da cultura aumentou ainda mais quando R. *japonicum* + 30 kg de N foi aplicado por hectare.

Meena *et al.* (2003) encontraram um aumento considerável na produção de sementes devido ao aumento dos níveis de fósforo até 45 kg ha^{-1} , enquanto o rendimento de palha e biológico aumentou até 30 kg P2O5 ha^{-1} . Em comparação com a ausência de inoculação, *Rhizobium* + PSB aumentou consideravelmente o rendimento de sementes e palha.

Mishra (2003) referiu que o tratamento com azoto e a inoculação causaram uma variação considerável no teor de azoto das sementes e do caule. O conteúdo máximo de N na semente foi encontrado quando 20 kg de N ha^{-1} e a inoculação de *Rhizobium* foram combinados, seguidos por 20 kg de N ha^{-1} sozinho e 40 kg/ha. Quando os níveis de N foram aumentados para 20 kg ha^{-1} juntamente com a inoculação, o conteúdo de P da semente e do caule mostrou um aumento. 20 kg N kg ha^{-1} inoculação produziu um teor de P significativamente mais elevado.

Patel e Thakur (2003) descobriram que os níveis de fósforo, PSB e FYM tiveram um impacto substancial nas características de rendimento e produtividade. Em comparação com 30 kg de P2O5 ha^{-1} e o controlo, a aplicação de 60 kg de P2O5 ha^{-1} aumentou consideravelmente o rendimento das sementes de grama preta. Com o aumento dos níveis de fósforo e o uso de PSB e FYM, também foi observada uma tendência de aumento no índice de colheita.

Potdukhe e Guldekar (2003) observaram que o tratamento de sementes com *Rhizobium* + *Azospirillum* + Bactérias antagonistas (507 kg ha^{-1}) em feijão-mungo aumentou consideravelmente a produção de grãos.

Pramanik e Singh (2003) referiram que a capacidade do grão-de-bico para absorver nutrientes foi melhorada pela utilização de biofertilizantes. Quando o PSB e o YAM foram inoculados em conjunto, a absorção de nutrientes foi maior do que quando o PSB e o YAM foram inoculados individualmente. A absorção também aumentou com doses mais elevadas de administração de fósforo.

Rajpal *et al.* (2003) Verificou-se que o tratamento de sementes com *Rhizobium* + PSB aumentou muito a produção de palha e o número de vagens e sementes por planta, bem como o peso de teste de sementes e vagens.

Singh e Pareek (2003) Na investigação de campo sobre o impacto do fósforo e do biofertilizante no feijão-mungo, foram encontrados níveis elevados de fósforo até 45 kg de P2O5 ha^{-1} . Absorção de N e P significativamente mais elevada de 15 e 30 kg de P2O5 por hectare em sementes e palha, respetivamente, em comparação com o controlo. No entanto, a inoculação *Rhizobium* + PSB produziu os valores mais elevados dos indicadores supramencionados. Singh *et al.* (2003) O tratamento com P de 60 kg ha^{-1} produziu os teores mais elevados de N e P, descobriu-se. A inoculação de Pseudomonas striata resultou num aumento do teor de N e P do caule. Com o aumento das doses de fósforo até 60 kg ha^{-1} , o teor de K do grão e do caule foi significativamente aumentado através da aplicação de fósforo.

Tanwar *et al.* (2003) relataram que o conteúdo de N e P aumentou em relação ao controlo com cada incremento nos níveis de P até 60 kg $_{P2O5}$ ha^{-1} . A melhoria dos teores de N e P e, subsequentemente, a absorção foi grandemente aumentada pela inoculação de sementes com cultura bacteriana isolada ou em combinação. A inoculação com *Rhizobium* foi superior à inoculação com PSB para o conteúdo de N na semente e na palha, enquanto a inoculação com PSB foi superior à inoculação com *Rhizobium* para o conteúdo de P.

Barbate *et al.* (2004) estudaram o efeito da inoculação de diferentes estirpes *de Rhizobium* no rendimento de grãos da cultivar de grão-de-bico Vijay. A estirpe local foi considerada superior a todas as estirpes e registou o maior rendimento de grãos (29,49 kg ha^{-1}). O rendimento de grãos aumentou de 0,64 a 17,24 em relação ao controlo.

Patil *et al.* (2004) estudaram o efeito da inoculação combinada de *rizobactérias* promotoras do crescimento de plantas (PGPR) na produtividade da soja em experiências de cultura em vaso. A inoculação combinada de três organismos benéficos, nomeadamente *Rhizobium, Azospirillum* e PSB, foi considerada superior à inoculação simples e dupla.

Patil *et al.* (2004) verificaram que os teores mais elevados de N e P e a absorção de N e P (mg/planta) na soja foram obtidos num tratamento que recebeu *Rhizobium* + solubilizador de fosfato + *Azospirillum* + *rizobactérias* gerais em vez de inoculação simples e dupla.

Singh e Rai (2004) estudaram o efeito da gestão integrada de nutrientes na soja sobre os seus atributos de rendimento e rendimento de sementes. A aplicação do nível recomendado de NPK com FYM e biofertilizantes mostrou superioridade na produção de sementes em relação à aplicação única do nível recomendado de NPK.

Tyagi et.al., (2004) relataram que a absorção de N e P foi significativamente maior em *Rhizobium* + PSB e tratamentos com culturas mistas em relação aos seus tratamentos individuais.

Shivkumar *et al.* (2004) registaram melhorias no rendimento de grão e de palha e no índice de colheita com a inoculação de *Rhizobium* nas sementes de grão-de-bico de sequeiro (Cicer *orientinum* L.)

Lanje *et al.* (2005) conduziram um experimento de campo com soja para determinar o efeito do *Rhizobium* e do micro-organismo solubilizador de fósforo (PSM) com a dose recomendada de fertilizante na matéria seca da parte aérea, rendimento de sementes, no qual o RDF + *Rhizobium* + PSM mostrou o máximo de matéria seca (ou seja, 4,50 g/planta) e rendimento de sementes (10,78 q ha).[-1]

Khutate *et al.* (2005) estudaram o efeito de diferentes fontes de nutrientes no crescimento e rendimento da soja (var. JS-335). O rendimento de grãos por hectare (17,95 q) e o rendimento de palha por hectare (27,62q) também foram significativamente maiores com a aplicação de 100% NPK (30:75:00 kg ha^{-1}) através de fertilizante, mas foi igual a 75% NPK através de fertilizante - *Rhizobium* + PSB (17,54 e 26,78 q ha^{-1} respetivamente) e também deu maior grão e palha do que todos os outros tratamentos. Houve uma poupança de 25% de fertilizante inorgânico.

Singh *et.al* (2018) relatou que a Tabela 1 mostra que a produção máxima de grãos (21,76 q ha $^{-1}$) foi alcançada com a aplicação de 60 kg P_2O_5 ha^{-1} e (21,51 q ha^{-1}) com a inoculação de PSB
+ *Rhizobium*, que foi substancialmente superior ao controlo. O quadro 1 demonstra ainda que a aplicação de
60 kg de P_2O_5 por hectare resultaram na maior produção de palha (25,06 q ha^{-1}), que foi significativamente maior do que o controlo e 30 quilo gramas de P_2O_5 por hectare. Devido ao uso de 20 kg de S por hectare e à inoculação de sementes com PSB + *Rhizobium*, a produção de palha também foi muito maior.

Salchame A. *et.al* (2020) relatou que o tratamento T_2 (75% RDF + PSB como aplicação no solo + *Rhizobium* como tratamento de sementes) teve a maior produção de sementes (1348,5 kg ha^{-1}), que foi comparável ao T_1 (100% RDF) (1287,03 kg ha^{-1}). Resultados semelhantes foram relatados por Kumar (2014), que afirmou que um maior rendimento poderia ser obtido pela fertilização de culturas de grão-de-bico com 75% de FTR, *Rhizobium* e PSB aplicados como tratamentos de sementes, *Rhizobium* aplicado como tratamentos de sementes mais PSB aplicado como tratamentos de solo, ou *Rhizobium* aplicado como tratamentos de sementes mais VAM.

Singh *et.al* (2021) referiu que o rendimento em T7 (P30+Rh+PSB) foi de 26,2 q ha^{-1} , enquanto o rendimento no controlo foi o mais baixo. O teor de azoto detectado no grão foi de 3,70 por cento e o seu teor de proteínas foi de 23,18 por cento, ambos significativamente superiores aos do controlo. A concentração de 0,66% de fósforo nos grãos de grão-de-bico também foi maior do que o esperado. O tratamento que aplicou simultaneamente biofertilizantes (*Rhizobium* e PSM) e fósforo a 30 kg ha^{-1} teve a melhor resposta global.

Singh *et.al* (2021) relatou que o tratamento de 60 kg P2O5 ha^{-1} produziu os maiores rendimentos de sementes (21,17 e 21,76 q ha^{-1}) e palha (24,66 e 25,06 q ha^{-1}) ao longo de ambos os anos, o que foi visivelmente maior do que outros níveis de fósforo.

CAPÍTULO - 3
MATERIAIS E MÉTODOS

Os factores mais importantes para a obtenção de uma maior precisão nos resultados do presente estudo, intitulado **"Efeito de diferentes doses de fósforo e biofertilizantes no crescimento, rendimento e qualidade do grão-de-bico (Cicer *arietinum* L.) na região de Madhya Pradesh"**, realizado durante o *rabi* de 2020, foram os materiais utilizados e a técnica utilizada para o estudo. Os elementos deste capítulo são abordados em grande profundidade.

3.1 Local experimental:

O presente ensaio foi efectuado no campo do Crop Research Centre -1, ITM University, Gwalior, (M.P.). O sítio experimental apresentava uma topografia bastante uniforme e um estado normal de fertilidade do solo.

3.2 Clima e tempo

O local experimental no CRC-1, ITM University, Gwalior é caracterizado por um verão muito quente e Invernos frios. Gwalior tem um clima semiárido e subtropical com frio moderado a severo durante o inverno, dias quentes e secos com ventos quentes dessecantes durante o verão e humidade quente na estação das monções. A precipitação anual varia entre 600 e 700 mm, com variações desiguais na sua distribuição.

Gwalior recebe cerca de 80 a 90% da precipitação total entre julho e setembro da monção do sudoeste e alguns raros aguaceiros de chuvas ciclónicas no inverno ou no final da primavera. Além disso, a precipitação é limitada principalmente entre os meses de julho e setembro, juntamente com alguns aguaceiros de chuvas cíclicas durante o inverno e a primavera.

Durante o verão e o inverno, as temperaturas médias máximas e mínimas apresentam uma grande amplitude de variação. O clima regular da região varia entre uma máxima de 48 °C no verão, com ventos quentes e dessecantes, e uma mínima de 0 °C ou mesmo inferior no inverno, com geadas.

De julho a março, a humidade relativa média é quase constante, entre 80 e 90%, e cerca de 40-50% no resto do ano. Os dados meteorológicos semanais médios recolhidos no observatório meteorológico situado na área de investigação do Departamento de

Meteorologia Agrícola, Escola de Agricultura da Universidade ITM, Gwalior, M.P., Índia, durante toda a época de cultivo, são apresentados no gráfico abaixo.

A temperatura média semanal máxima e mínima varia entre 12,6 e 30,4°C. Os intervalos semanais de temperatura máxima e mínima foram 21,5 - 44 °C e 4 - 27°C, respetivamente. A temperatura máxima média semanal mais elevada (44 °C) e a mais baixa (4 °C) foram registadas durante a 26ª e 25ª semanas, respetivamente, enquanto a temperatura mínima média semanal mais elevada (44 °C) e a mais baixa (4 °C) foram registadas na 8ª e 12ª semanas, respetivamente, durante toda a estação de cultivo. A humidade relativa média semanal variou entre 55 e 97 por cento de manhã e 14 e 72 por cento à noite durante a época de cultivo de 2021-2022.

Durante a estação de cultivo, a precipitação mais elevada (18 mm) da precipitação total foi registada na 11ª semana padrão, enquanto a precipitação total registada em todo o período de cultivo foi de 33,7 mm. A velocidade média semanal do ar variou de 1,5 a 8,7 km h^{-1} , com magnitude crescente com o avanço da cultura até a 7ª semana padrão (8,7 km h^{-1}) e flutuando consecutivamente à medida que a cultura avança em direção à maturidade.

A semana mais brilhante durante a estação de colheita foi a 12ª semana com sol 10,4 horas por dia^{-1} , enquanto que a semana menos brilhante foi a 3ª semana padrão, com sol 4,1 horas por dia^{-1} . A procura de evaporação foi mais elevada durante a 13ª semana padrão com 11,8 mm dia^{-1} , enquanto que a evaporação mais baixa foi registada durante a 51ª e 3ª semana padrão com 2,4 mm dia^{-1} , ou seja, houve uma evaporação mais baixa.

3.3 Solo

A textura do solo do campo experimental era franco-arenosa. Com um declive modesto para nordeste, oferecia uma boa drenagem. O solo era ligeiramente alcalino com pH (7,3) e CE (0,35 dSm $^{-1}$). O teor de carbono orgânico no solo foi registado com um valor de 0,41%. O azoto disponível no solo era de cerca de 178,03 kg ha^{-1} (baixo estado), o fósforo disponível era de cerca de 24,45 kg ha^{-1} (baixo estado) e o potássio disponível era de 382,15 kg ha^{-1} (alto estado).

Quadro 3.1 Dados meteorológicos semanais médios de Gwalior (2021-2022)

Mês	Semana normal	Temp. max (C^o)	Temp. min (C^o)	RH (%)	RF (mm)	N.º de dias de chuva
	44	30.5	15	54.7	0	0
	45	31	12	51.6	0	0
	46	29	11	55.6	0	0
	47	30	11	52.7	0	0
NOVEMBRO	48	28	10.5	50.6	0	0
	49	27	9	51.2	0	0
	50	24	7	54.5	0	0
	51	24	4	55.6	0	0
DEZEMBRO	52	24	7	63.7	4	2
	1	23	7	71.71	5.7	2
	2	19	6.5	67.14	18	2
	3	17	4.5	64.57	0	0
	4	20.5	5.5	68.71	0	0
JANEIRO	5	27	8	45.21	6	1
	6	26	9	59.92	0	0
	7	28	10	52.21	0	0
	8	30	13	49.21	0	0
FEVEREIRO	9	31	13	50.64	0	0
	10	33	15	59	0	0
	11	37.5	16.5	50.42	0	0
	12	39	19	47.14	0	0
MARÇO	13	41	21	46.5	0	0

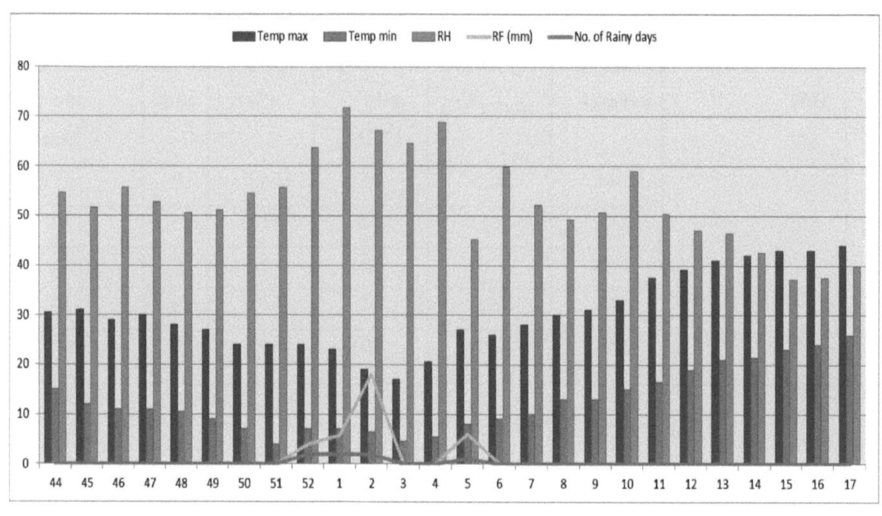

Fig. 3 Dados meteorológicos semanais para o ano de 2021-2022 em Gwalior (M.P.) durante o período experimental.

Quadro 3.2: Propriedades físico-químicas do solo durante o Kharif, 2021

S. Não.	Particularidades	Profundidade do solo (cm)	Método de determinação
A.	Composição mecânica do solo (%)		
1	Areia	51.42%	Método internacional da pipeta (Piper,1996)
2	Silte	25.56%	
3	Argila	23.02%	
4	Classe textural	Sandy argila	Método triangular (Loyn e Buckman, 1952)
B.	Propriedades químicas do solo		
1	Azoto disponível (kg/ha)	178.03	Método do permanganato alcalino (Subbiah e Asija, 1956)
2	Fósforo disponível (kg/ha)	24.45	Método colorimétrico de Olsen (Olsen *et al.,* 1954)
3	Potássio disponível (kg/ha)	382.15	Método fotométrico de chama (Jackson, 1973)
4	pH do solo	7.3	Medidor de pH digital (Jackson,1973)
5	Carbono orgânico	0.41%	Walkley e Black rapid método de titulação (1934)
6	CE (dsm)$^{-1}$	0.22	Medidor de ponte de condutividade 1:2solo água suspensão (Richards,1954)

Antes de planear o layout, foram recolhidas aleatoriamente 5 amostras de 0-15 cm de profundidade do perfil do solo para análise química do solo da área da experiência no campo. Estas amostras foram depois secas ao ar, compostas, esmagadas e bem moídas para passarem por um peneiro de 2 mm de porosidade.

Assim, foram investigadas as propriedades químicas do solo. As características físico-químicas do solo estão listadas no Quadro 3.2.

O historial das culturas anteriores do campo experimental é apresentado no quadro 3.3

Ano	Época	
	Quaresma	**Rabi**
2019-20	Grama verde	Cevada
2020-21	Bajra	Trigo
2021-22	Pousio	Grão-de-bico (**cultura experimental**)

3.4   Detalhes experimentais:

3.4.1 Disposição e tratamentos

A experiência foi organizada num esquema de blocos aleatórios factoriais com 16 tratamentos e cada tratamento foi repetido 3 vezes. Os pormenores dos tratamentos são apresentados a seguir.

Pormenores dos tratamentos

Fator A: nível de fósforo (kg ha^{-1})

P_1 - 0 (Controlo),

P_2 - 20, P_3 -40, P -60$_4$

Fator B: Biofertilizantes

B0- não inoculado (controlo), B1- *Rhizobium*, B2- PSB, B3- *Rhizobium* + PSB

Doses de fertilizantes (kg ha)$^{-1}$

FTR   N:P: K 30:60:30

3.4.2 Conceção experimental

1.	Projeto	:	RBD (Fatorial)
2.	Réplicas	:	3
3.	Tratamentos	:	16
4.	Tamanho bruto do lote	:	4,5 m X 3,6 m (16,2 m)^2
5.	Tamanho líquido da parcela	:	3,9 m X 3,4 m (13,26 m)^2
6.	N.º total de parcelas	:	16 X 3 = 48
7.	Variedades	:	RVG - 202
8.	Espaçamento	:	30 cm X 10 cm
9.	Época de sementeira	:	Rabi (2021-2022)

10. Taxa de sementeira   :   80 kg ha^{-1}

11. Dose recomendada de fertilizante   :   20: 60: 20 kg NPK ha^{-1}

Tabela 3.4 Detalhes do tratamento:

Tratamentos	Combinação de tratamentos	Símbolo
T_1	Controlo	$P_0 B_0$
T_2	*Rhizobium*	$P_0 B_1$
T_3	PSB	$P_0 B_2$
T_4	*Rhizobium* +PSB	$P_0 B_3$
T_5	P O_{25} , 20 kg ha^{-1}	$P_1 B_0$
T_6	*Rhizobium* + P O_{25} , 20 kg ha^{-1}	$P_1 B_1$
T_7	PSB + P O_{25} , 20 kg ha^{-1}	$P_1 B_2$
T_8	*Rhizobium* + PSB + P O_{25} , 20 kg ha^{-1}	$P_1 B_3$
T_9	P O_{25} , 40 kg ha^{-1}	$P_2 B_0$
T_{10}	*Rhizobium* + P O_{25} , 40 kg ha^{-1}	$P_2 B_1$
T_{11}	PSB + P O_{25} , 40 kg ha^{-1}	$P_2 B_2$
T_{12}	*Rhizobium* + PSB + P O_{25} , 40 kg ha^{-1}	$P_2 B_3$
T_{13}	P O_{25} , 60 kg ha^{-1}	$P_3 B_0$
T_{14}	*Rhizobium* + P O_{25} , 60 kg ha^{-1}	$P_3 B_1$
T_{15}	PSB + P O_{25} , 60 kg ha^{-1}	$P_3 B_2$
T_{16}	*Rhizobium* + PSB + P O_{25} , 60 kg ha^{-1}	$P_3 B_3$

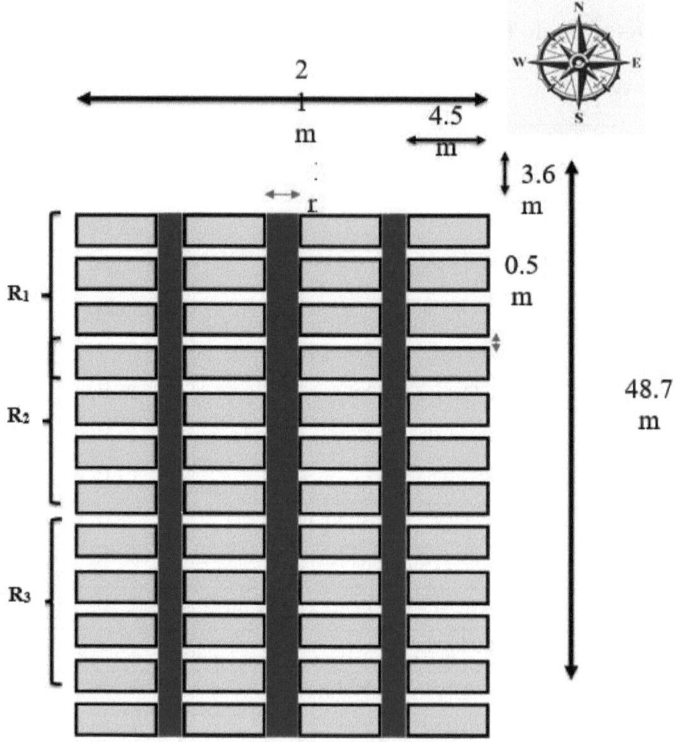

Fig. 2 Layout plan of the Experimental plot

3.5   ACÇÕES CULTURAIS

3.5.1   Operações de pré-sementeira

3.5.2   Preparação do terreno

Antes da sementeira da cultura, foi efectuada uma irrigação de pré-sementeira e o campo foi lavrado à capacidade de campo, duas vezes com uma grade de discos e uma vez com um cultivador, seguido de uma plantação.

3.5.3   Aplicação de fertilizantes

A dose recomendada de azoto (30 kg ha^{-1}), fósforo (60 kg ha^{-1}) e potássio (30 kg ha^{-1}) foi aplicada de acordo com os tratamentos. As fontes de azoto, fósforo e potássio foram a ureia, o superfosfato simples e o muriato de potássio, respetivamente.

3.5.4   Inoculação de sementes

Antes da sementeira, as sementes pertencentes às parcelas inoculadas foram tratadas com *Rhizobium* e cultura PSB, conforme o tratamento. A semente foi humedecida com uma solução de açúcar, e foram utilizados 50 ml de bioinoculantes por 10 kg de semente. As sementes tratadas foram mantidas à sombra durante cerca de uma hora para completar a inoculação. As sementes tratadas e não tratadas foram semeadas de acordo com os tratamentos.

3.5.5   Taxa de sementeira, época e método de sementeira

A variedade de grão-de-bico RVG-202 foi semeada em 13 de novembro de 2021, utilizando 80 kg de sementes por hectare. A sementeira foi efectuada com um espaçamento de 30 cm entre linhas pelo método *pora*.

3.5.6   Operações pós-sementeira

3.5.7   Desbaste

O desbaste foi efectuado três semanas após a sementeira para manter um espaçamento entre plantas de 10 cm.

3.5.8   Operações interculturais

A cultura foi objeto de duas sachas manuais com *Khurpi* aos 25 e 55 dias após a sementeira, para manter as ervas daninhas sob controlo.

3.5.9 Medidas fitossanitárias

Não foram observados insectos-praga nem doenças no campo experimental. Por conseguinte, não foi necessária qualquer medida de proteção das plantas.

3.5.10 Irrigação

A cultura foi semeada com uma forte irrigação antes da sementeira. Para além disso, foram aplicadas mais duas regas de acordo com as necessidades da cultura durante o seu período de vida.

3.5.11 Colheita e debulha

A cultura foi colhida com foices quando as plantas estavam secas e as vagens completamente maduras. Os molhos foram feitos separadamente em cada parcela e deixados no campo para secagem ao sol durante cerca de seis dias. Antes da debulha, o rendimento biológico foi registado para cada parcela de rede. A debulha foi efectuada manualmente com a ajuda de varas. Os grãos recolhidos em cada parcela de rede foram pesados.

Quadro 3.5: Operações culturais efectuadas no decurso do inquérito

Sl. Não	Particularidades	Frequência	Data das operações
A. Preparação do terreno			
1	Lavoura	2	03-11-2021
2	Preparação do esquema	1	10-11-2021
3	Formação de feixes	1	11-11-2021
B. Semeadura			
1	Semeadura	1	13-11-2021
2	Preenchimento de lacunas (12 DAS)	1	25-11-2021
3	Desbaste (20 DAS)	1	03-12-2021
C. Acções interculturais			
1	Monda	2	
	Monda manual	1	03-12-2021
	Monda manual	1	27-12-2021
			03-11-2021
2	**Irrigação**	3	23-12-2021

			24-01-2022
D.	Colheita	1	25-03-2022
E.	Debulha	1	30-03-2022

3.6 OBSERVAÇÕES PERIÓDICAS REGISTADAS

3.6.1 Estudos pré-colheita

As observações seguintes foram registadas antes da colheita.

3.6.2 População de plantas

A população de plantas por metro linear de comprimento foi registada em quatro locais seleccionados aleatoriamente de cada parcela aos 15 dias após a sementeira (DAS).

3.6.3 Altura da planta

A altura das plantas (cm) de quatro plantas etiquetadas de cada parcela foi medida desde a base da planta até ao ponto de crescimento do rebento principal aos 30, 60, 90 DAS e na colheita.

3.6.4 Número de ramos da planta^{-1}

O número total de ramos de quatro plantas em cada parcela foi contado e o número médio de ramos da planta^{-1} foi calculado. A observação foi registada com um intervalo de 30 dias.

3.6.5 Planta de acumulação de matéria seca^{-1}

As mudanças periódicas na acumulação de matéria seca foram registadas retirando quatro plantas ao acaso de cada parcela aos 30, 60, 90 DAS e na colheita. As amostras de plantas foram primeiro secas ao sol e depois em estufa a 70°C durante cerca de 24 horas ou mais até se obter um peso constante, sendo depois pesadas e calculada a média de uma planta.

3.6.6 Taxa de crescimento das culturas

A taxa de crescimento da cultura (g m^{-2} dia^{-1}) foi calculada aos 30-60, 60-90 DAS e à colheita aos 90 DAS, utilizando a fórmula abaixo indicada:

$$Mean\ Crop\ Growth\ Rate\ (CGR) = \frac{W2 - W1}{T2 - T1}$$

Onde, W1 e W2 = Peso seco da planta (g) de um determinado terreno no momento T1 e T2, respetivamente T2 e T1

= Intervalo de observação (dias)

3.7 ESTUDOS DE NODULAÇÃO

3.7.1 Número de nódulos planta^{-1}

Quatro plantas tomadas para acumulação de matéria seca foram removidas com muito cuidado juntamente com as raízes aos 30 e 60 DAS. As raízes foram lavadas em água limpa no balde para remover as partículas de solo aderidas às raízes e, em seguida, o número de nódulos foi contado de todas as quatro plantas. A média foi calculada e expressa em número de nódulos por planta$^{-1.}$

3.8 ATRIBUTOS DE RENDIMENTO

3.8.1 Número de vagens da planta^{-1}

Todas as vagens efectivas de quatro plantas representativas foram contadas e a sua média^{-1} foi registada.

3.8.2 Número de grãos por vagem^{-1}

Número médio de vagens com sementes^{-1} foi calculado a partir de cinco vagens colhidas ao acaso do total de vagens de quatro plantas marcadas de cada parcela.

3.8.3 100 grãos de peso

Uma amostra composta de sementes foi retirada do rendimento de cada parcela e, em seguida, 100 sementes foram retiradas da amostra composta. As sementes contadas foram secas ao sol e o seu peso foi medido. O peso foi expresso em gramas.

3.9 RENDIMENTO

3.9.1 Rendimento biológico

Após a colheita da superfície líquida da cultura na maturidade, as plantas foram secas ao sol durante uma semana e o peso total dos feixes secos/parcela foi registado separadamente com a ajuda de uma balança e convertido em kg ha^{-1} .

3.9.2 Rendimento de grãos

A biomassa obtida de cada parcela de rede após a secagem ao sol foi debulhada manualmente, peneirada, limpa e pesada para a produção de grãos. O rendimento em grão assim obtido foi convertido em kg ha^{-1} .

3.9.3 Rendimento em palha

A parcela de rendimento de palha^{-1} foi calculada subtraindo o rendimento de grãos do rendimento biológico e convertida em kg ha^{-1} .

3.9.4 Índice de colheita

Foi calculado dividindo o rendimento de grãos (rendimento económico) pela matéria seca total (rendimento biológico) e multiplicado por 100.

$$Harvest\ Index\ (\%) = \frac{Economic\ Yield}{Biological\ Yield\,X} X100$$

3.10 ANÁLISE QUÍMICA

3. 10.1 Análise de plantas

As amostras secas em estufa colhidas aquando da colheita foram moídas, e 0,2 g para a palha e 0,1 g para o grão de cada amostra moída foram digeridos numa mistura de ácidos de H_2SO_4 e $HCIO_4$ (9:1) para a estimativa de N, P e K. Após a digestão, foi feito um volume conhecido com água destilada e filtrado com papel de filtro Whatman n.º 42. Todas as estimativas em alíquotas foram efectuadas de acordo com o seguinte procedimento.

3.10.1.1 Teor e absorção de azoto na colheita

O teor de azoto em percentagem foi determinado pelo método do Reagente de Nessler, tal como descrito por Jackson (1973). A absorção total de azoto na colheita foi calculada de acordo com a fórmula abaixo indicada:

$$N\ uptake\ by\ grain\ (kg/ha) = \frac{N\ content\ (\%)\ X\ grain\ yield\ (kg/ha)}{100}$$

$$N\ uptake\ by\ straw\ (kg/ha) = \frac{N\ content\ (\%)X\ straw\ yield\ (kg/ha)}{100}$$

3.10.1.2. Teor e absorção de fósforo na colheita

O teor de fósforo em percentagem foi determinado pelo método da cor amarela do ácido fosfórico de Vanadomolybdo. A absorção total de P aquando da colheita foi calculada de acordo com a fórmula seguinte:

$$P\ uptake\ by\ grain\ (kg/ha) = \frac{P\ content\ (\%)X\ grain\ yield\ (kg/ha)}{100}$$

$$P\ uptake\ by\ straw\ (kg/ha) = \frac{P\ content\ (\%)X\ straw\ yield\ (kg/ha)}{100}$$

3.10.1.3. Teor e absorção de potássio na colheita

O teor de potássio em percentagem foi determinado pelo método fotométrico de chama. A absorção total de K aquando da colheita foi calculada de acordo com a fórmula abaixo indicada:

$$K \ uptake \ by \ grain \ (kg/ha) = \frac{K \ content \ (\%)X \ grain \ yield \ (kg/ha)}{100}$$

$$K \ uptake \ by \ straw \ (kh/ha) = \frac{K \ content \ (\%)X \ straw \ yield \ (kg/ha)}{100}$$

3.11 ESTUDOS DE QUALIDADE

3.11.1 Teor de proteínas

O teor de proteínas (%) do grão e da palha foi calculado multiplicando a percentagem de azoto no grão e na palha por 6,25, um fator de conversão para a estimativa do teor de proteínas.

3.12 ECONOMIA DOS TRATAMENTOS

As despesas incorridas com os tratamentos individuais foram calculadas a partir da avaliação pormenorizada dos custos variáveis envolvidos, tais como a preparação do terreno, as sementes, a proteção das plantas, os produtos químicos e a mão de obra envolvida nas diferentes operações. O rendimento bruto de todos os tratamentos foi calculado separadamente, tendo em conta os rendimentos em grão e em palha e o preço de venda dos produtos de cada tratamento. Posteriormente, os rendimentos líquidos foram calculados subtraindo as despesas efectuadas com o tratamento individual do rendimento bruto do mesmo tratamento. O rácio custo/benefício foi calculado de acordo com a fórmula seguinte:

$$B:C = \frac{Net \ return \ (Rs/ha)}{Cost \ of \ cultivation \ (Rs/ha)}$$

3.13. Análise estatística:

Os dados experimentais relativos aos parâmetros de crescimento, caracteres que atribuem rendimento, rendimento, parâmetros de qualidade, teor e absorção de nutrientes foram analisados estatisticamente pelo método de análise de variância (ANOVA), tal como descrito por Panse e Sukhatme (1985). A significância dos efeitos dos tratamentos foi testada com a ajuda do teste 'F (razão de variância) e para avaliar a significância das diferenças entre as médias de dois tratamentos, a diferença crítica (CD) foi calculada como descrito por Cochran e Cox (1957) e Gomez e Gomez (1984) da seguinte forma:

O erro padrão da média foi calculado por:

$$SEm\pm = \sqrt{\dfrac{EMS}{r}}$$

Onde,

SEm± = Erro padrão da

média EMS = Erro médio

da soma dos quadrados r=

Número de repetições.

3.14Análise estatística de variância: -

Os dados obtidos sobre vários parâmetros foram tabulados e submetidos a análise estatística pelo método. A influência do tratamento foi testada com o teste "F" sempre que o teste "F" mostrou a sua significância. Os níveis de tratamento foram comparados por diferença crítica a um nível de probabilidade de 5 %. O esqueleto da análise de variância e a fórmula utilizada para várias estimativas são apresentados a seguir:

Tabela 3.6 Esqueleto da tabela ANOVA:

Fonte de variação	DF	SS	MSS	F. cal.	F. Valor de tabela a 5%
Replicação	2				
Fósforo (P)	3				
Biofertilizantes (B)	3				
P X B	9				
Erro	30				
Total	47				

CAPÍTULO - 4
RESULTADOS EXPERIMENTAIS

Os resultados experimentais influenciados por diferentes tratamentos foram apresentados neste capítulo com a ajuda de tabelas apropriadas e gráficos adequados com a respetiva ANOVA no apêndice.

4.1 Estudos de crescimento:

4.1.1 Altura da planta (cm):

Os dados da altura progressiva das plantas foram influenciados pela taxa de azoto e pelas variedades que são apresentadas no quadro. Independentemente dos tratamentos, a altura das plantas aumentou a partir dos 30 DAS até à fase de colheita da cultura.

Uma análise dos dados em relação aos níveis de fósforo mostrou que a altura máxima da planta foi medida em 60 kg P ha^{-1} em todas as fases de crescimento da cultura, enquanto a altura mais baixa foi observada nas parcelas com controlo (0 kg P ha^{-1}). A aplicação de 60 kg P ha^{-1} resultou estatisticamente a par com 40 kg ha^{-1} e foi observada significativa com outros tratamentos.

A altura das plantas foi significativamente influenciada pela inoculação de vários biofertilizantes em todas as fases de crescimento da cultura. A inoculação com *Rhizobium* e PSB mostrou a altura máxima entre os diferentes biofertilizantes. Enquanto que a altura mais baixa foi encontrada no controlo sem aplicação de quaisquer biofertilizantes. A inoculação com *Rhizobium* e PSB resultou significativa em relação aos outros tratamentos.

Não houve efeito de interação significativo entre os níveis de fósforo e biofertilizantes na altura da planta em todas as fases de crescimento da cultura durante o estudo.

4.1.2 Número de nódulos:

O número de nódulos diferiu significativamente entre os níveis de fósforo e biofertilizantes em todas as fases de crescimento da cultura do grão-de-bico. Um aumento contínuo no número de nódulos foi observado aos 60 DAS da fase de crescimento da cultura e tabulado na tabela 4.2 e apresentado graficamente na fig. 4.2. A ANOVA dos dados foi fornecida no apêndice.

Uma análise dos dados em relação aos níveis de fósforo mostrou que o número máximo de nódulos foi medido em 60 kg P ha^{-1} em todas as fases de crescimento da cultura.

Quadro 4.1 Efeito dos níveis de fósforo e dos biofertilizantes na altura em diferentes fases de crescimento do grão-de-bico.

Tratamentos	Altura (cm)			
	30 DAS	60 DAS	90 DAS	Na colheita
Níveis de fósforo				
P_0 (0 kg P ha $)^{-1}$	14.78	26.21	31.43	34.49
P_1 (20 kg P ha $)^{-1}$	15.09	28.37	33.89	36.95
P_2 (40 kg P ha $)^{-1}$	16.19	31.58	36.79	39.79
P_3 (6o kg P ha $)^{-1}$	16.34	31.66	36.87	39.93
SEm±	0.40	0.93	0.94	1.12
CD (P=0,05)	1.15	2.68	2.70	3.23
Biofertilizantes				
B0	13.84	26.20	31.48	34.55
Rhizobium	14.89	28.25	33.54	36.59
PSB	15.84	30.32	35.62	38.60
RHZ+PSB	17.84	33.05	38.34	41.41
SEm±	0.40	0.93	0.94	1.12
CD (P=0,05)	1.15	2.68	2.70	3.23
Interação (P x B)				
SEm±	0.80	1.86	1.87	2.24
CD (P=0,05)	NS	NS	NS	NS

Foi observado um número de nódulos nas parcelas com controlo (0 kg P ha^{-1}). A aplicação de 60 kg P ha^{-1} resultou estatisticamente a par com 40 kg ha^{-1} e foi observada significativa com outros tratamentos.

O número de nódulos foi significativamente influenciado pela inoculação de vários biofertilizantes nos estádios de crescimento de 30 e 60 DAS da cultura. A inoculação com *Rhizobium* e PSB mostrou o número máximo de nódulos entre os diferentes biofertilizantes. Enquanto que o menor número de nódulos foi encontrado nocontrolo sem aplicação de quaisquer biofertilizantes. A inoculação com *Rhizobium* e PSB foi significativa em relação aos outros tratamentos.

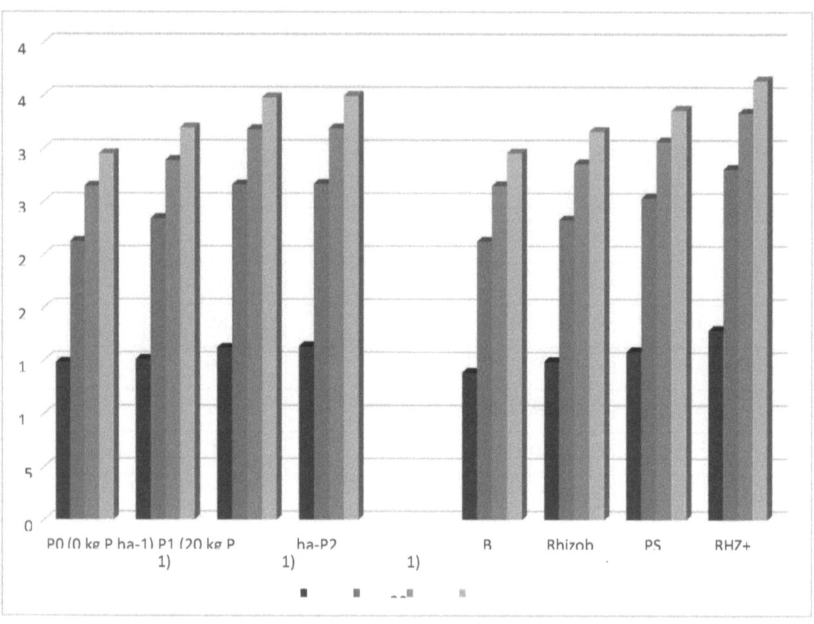

Fig. 3 Efeito de diferentes doses de fósforo e biofertilizantes na altura das plantas de grão-de-bico.

Quadro 4.2 Efeito dos níveis de fósforo e dos biofertilizantes no número de nódulos do grão-de-bico.

Tratamentos	Número de nódulos	
	30 DAS	**60 DAS**
Níveis de fósforo		
P_0 (0 kg P ha)$^{-1}$	20.59	25.32
P_1 (20 kg P ha)$^{-1}$	22.26	28.16
P_2 (40 kg P ha)$^{-1}$	24.27	30.92
P_3 (60 kg P ha)$^{-1}$	25.24	31.87
SEm±	0.57	0.71
CD (P=0,05)	1.64	2.04
Biofertilizantes		
B0	21.05	26.43
Rhizobium	22.88	28.85
PSB	23.21	29.46
RHZ+PSB	25.22	31.53
SEm±	0.57	0.71
CD (P=0,05)	1.64	2.04
Interação (P x B)		
SEm±	1.13	1.41
CD (P=0,05)	NS	NS

Não houve efeito de interação significativo entre os níveis de fósforo e biofertilizantes no número de nódulos em todas as fases de crescimento da cultura durante o estudo

4.1.3 Número de sucursais:

O número de ramos diferiu significativamente entre os níveis de fósforo e biofertilizantes em todas as fases de crescimento da cultura do grão-de-bico. Observou-se um aumento contínuo do número de ramos até à fase de colheita do crescimento da cultura, que foi tabulado no quadro 4.3 e apresentado graficamente na figura 4.3. A ANOVA dos dados foi apresentada no apêndice.

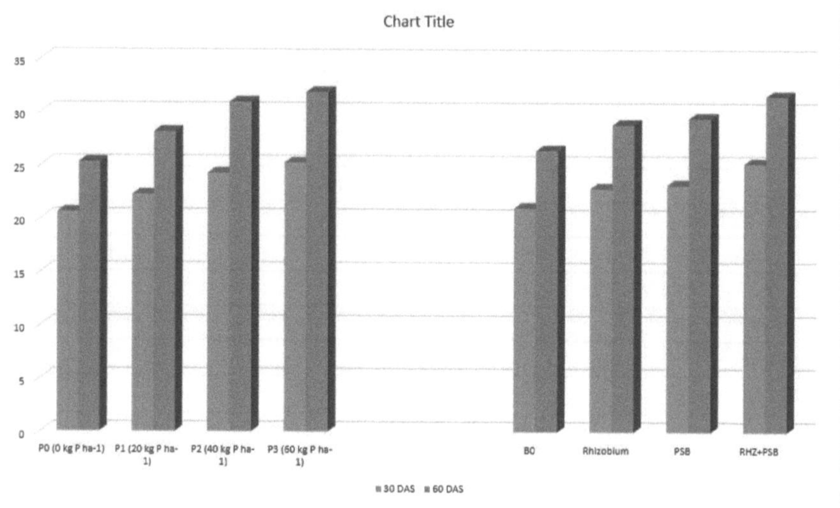

Fig. 4 Efeito de diferentes doses de fósforo e biofertilizantes no número de nódulos do grão-de-bico

50

Quadro 4.3 Efeito dos níveis de fósforo e dos biofertilizantes no número de ramos em diferentes fases de crescimento do grão-de-bico.

Tratamentos	Número de ramos por planta		
	30 DAS	60 DAS	Colheita
Níveis de fósforo			
P_0 (0 kg P ha)$^{-1}$	4.39	15.37	19.32
P_1 (20 kg P ha)$^{-1}$	4.97	17.36	21.38
P_2 (40 kg P ha)$^{-1}$	5.49	19.21	23.10
P_3 (60 kg P ha)$^{-1}$	5.59	19.67	23.87
SEm±	0.17	0.58	0.58
CD (P=0,05)	0.50	1.68	1.67
Biofertilizantes			
B0	4.29	14.94	19.23
Rhizobium	4.90	18.09	21.40
PSB	5.19	18.20	22.57
RHZ+PSB	6.06	20.39	24.48
SEm±	0.17	0.58	0.58
CD (P=0,05)	0.50	1.68	1.67
Interação (P x B)			
SEm±	0.34	1.16	1.15
CD (P=0,05)	NS	NS	NS

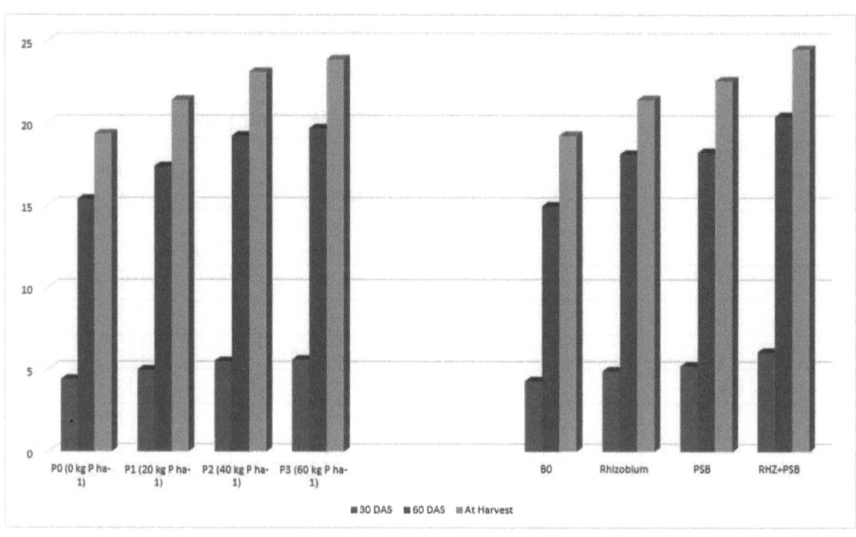

Fig. 5 Efeito de diferentes doses de fósforo e biofertilizantes no número de ramos do grão-de-bico.

Uma análise dos dados em relação aos níveis de fósforo mostrou que o número máximo de ramos foi registado em 60 kg P ha^{-1} em todas as fases de crescimento da cultura, enquanto que o menor número de ramos foi observado nas parcelas com controlo (0 kg P ha^{-1}). A aplicação de 60 kg P ha^{-1} resultou estatisticamente a par com 40 kg ha^{-1} e foi observada significativa com outros tratamentos.

O número de ramos foi significativamente influenciado pela inoculação de vários biofertilizantes em todas as fases de crescimento da cultura. A inoculação com *Rhizobium* e PSB apresentou o número máximo de ramos entre os diferentes biofertilizantes. Enquanto que o menor número de ramos foi encontrado no controlo sem aplicação de quaisquer biofertilizantes. A inoculação com *Rhizobium* e PSB resultou significativamente superior aos outros tratamentos.

Não houve efeito de interação significativo entre os níveis de fósforo e biofertilizantes no número de ramos em todas as fases de crescimento da cultura durante o estudo.

4.1.4 Acumulação de matéria seca (g):

A acumulação de matéria seca diferiu significativamente entre os níveis de fósforo e biofertilizantes em todas as fases de crescimento da cultura do grão-de-bico. Observou-se um aumento contínuo na acumulação de matéria seca a partir dos 30 DAS até à fase de colheita do crescimento da cultura, tabulado na tabela 4.4 e apresentado graficamente na fig. 4.4. A ANOVA dos dados foi fornecida no apêndice.

Uma análise dos dados em relação aos níveis de fósforo mostrou que a acumulação máxima de matéria seca foi registada em 60 kg P ha^{-1} em todas as fases de crescimento da cultura, enquanto que a acumulação mínima de matéria seca foi observada nas parcelas com controlo (0 kg P ha^{-1}). A aplicação de 60 kg P ha^{-1} resultou estatisticamente a par com 40 kg ha^{-1} e foi observada significativa com outros tratamentos.

A acumulação de matéria seca foi significativamente influenciada pela inoculação de vários biofertilizantes em todas as fases de crescimento da cultura. A inoculação com *Rhizobium* e PSB mostrou a máxima acumulação de matéria seca entre os diferentes biofertilizantes. Enquanto que a acumulação mínima de matéria seca foi encontrada no controlo sem aplicação de quaisquer biofertilizantes. A inoculação com *Rhizobium* e PSB resultou significativamente superior aos outros tratamentos.

Não houve efeito de interação significativo entre os níveis de fósforo e biofertilizantes na acumulação de matéria seca em todas as fases de crescimento da cultura durante o estudo.

Tabela 4.4 Efeito dos níveis de fósforo e dos   biofertilizantes na acumulação de matéria seca em diferentes fases de crescimento do grão-de-bico.

Tratamentos	Acumulação de matéria seca (g m)$^{-2}$			
	30 DAS	60 DAS	90 DAS	Na colheita
Níveis de fósforo				
P_0 (0 kg P ha)$^{-1}$	2.77	5.73	15.49	17.71
P_1 (20 kg P ha)$^{-1}$	3.27	6.24	16.67	19.51
P_2 (40 kg P ha)$^{-1}$	3.86	6.82	17.83	21.08
P_3 (6o kg P ha)$^{-1}$	3.95	6.92	18.08	21.33
SEm±	0.10	0.18	0.39	0.55
CD (P=0,05)	0.28	0.51	1.13	1.60
Biofertilizantes				
B0	2.64	5.62	15.30	17.95
Rhizobium	3.28	6.24	16.86	19.60
PSB	3.55	6.51	17.28	20.05
RHZ+PSB	4.37	7.33	18.63	22.04
SEm±	0.10	0.18	0.39	0.55
CD (P=0,05)	0.28	0.51	1.13	1.60
Interação (P x B)				
SEm±	0.19	0.35	0.79	1.11
CD (P=0,05)	NS	NS	NS	NS

4.1.5 Taxa média de crescimento da cultura (g m^{-2} dia^{-1}):

A taxa média de crescimento das culturas (CGR) diferiu significativamente entre os níveis de fósforo e biofertilizantes em todas as fases de crescimento da cultura do grão-de-bico. Foi observado um aumento contínuo na taxa média de crescimento da cultura (CGR) até 60-90 DAS e depois diminuiu até 90 DAS - fase de colheita. A taxa média de crescimento da cultura (CGR) é tabulada no quadro 4.5 e apresentada graficamente na figura 4.5. A ANOVA dos dados foi fornecida no apêndice.

Uma análise dos dados em relação aos níveis de fósforo mostrou que a maior taxa média de crescimento das culturas na aplicação de 60 kg ha^{-1} de fósforo. A taxa média máxima de crescimento das culturas foi observada aos 60-90 DAS na aplicação de 60 kg ha^{-1} de fósforo e um declínio na taxa média de crescimento das culturas aos

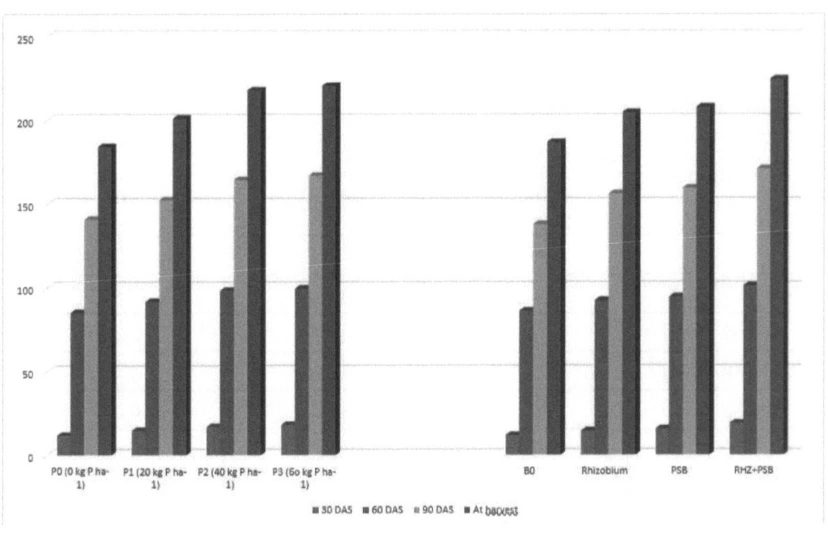

Fig. 6 Efeito de diferentes doses de fósforo e biofertilizantes na acumulação de matéria seca do grão-de-bico.

Tabela 4.5: Efeito de diferentes níveis de fósforo e biofertilizantes na taxa média de crescimento da cultura (CGR) (g m^{-2} dia^{-1}) em várias fases de crescimento da cultura do grão-de-bico.

Tratamentos	CGR (g m^{-2} dia)$^{-1}$		
	30-60 DAS	60-90 DAS	90- colheita
Níveis de fósforo			
P0 (0 kg P ha)$^{-1}$	8.39	12.98	7.57
P1 (20 kg P ha)$^{-1}$	8.99	13.82	8.47
P2 (40 kg P ha)$^{-1}$	9.73	14.64	9.43
P3 (6o kg P ha)$^{-1}$	9.81	14.84	9.45
SEm±	0.28	0.28	0.33
CD (P=0,05)	0.81	0.82	0.97
Biofertilizantes			
B0	8.56	12.45	8.16
Rhizobium	9.19	13.98	8.36
PSB	9.31	14.35	8.53
RHZ+PSB	9.87	15.51	9.88
SEm±	0.28	0.28	0.33
CD (P=0,05)	0.81	0.82	0.97
Interação (P x B)			
SEm±	0.56	0.57	0.67
CD (P=0,05)	NS	NS	NS

90 DAS - foi observada a fase de colheita. Enquanto que a taxa média mais baixa de crescimento da cultura foi encontrada no controlo (sem aplicação de fósforo). A aplicação de 60 kg P ha^{-1} resultou estatisticamente a par com 40 kg ha^{-1} e foi observada significativa com outros tratamentos.

A taxa média de crescimento das culturas (TCC) foi significativamente influenciada pela inoculação de vários biofertilizantes em todas as fases de crescimento da cultura do grão-de-bico. A inoculação com *Rhizobium* e PSB mostrou a maior taxa média de crescimento da cultura entre os diferentes biofertilizantes. Enquanto a taxa média de crescimento das culturas mais baixa foi encontrada no controlo sem aplicação de biofertilizantes. A inoculação com *Rhizobium* e PSB foi significativa em relação aos outros tratamentos.

Não houve um efeito de interação significativo entre os níveis de fósforo e biofertilizantes na taxa média de crescimento da cultura (CGR) do grão-de-bico.

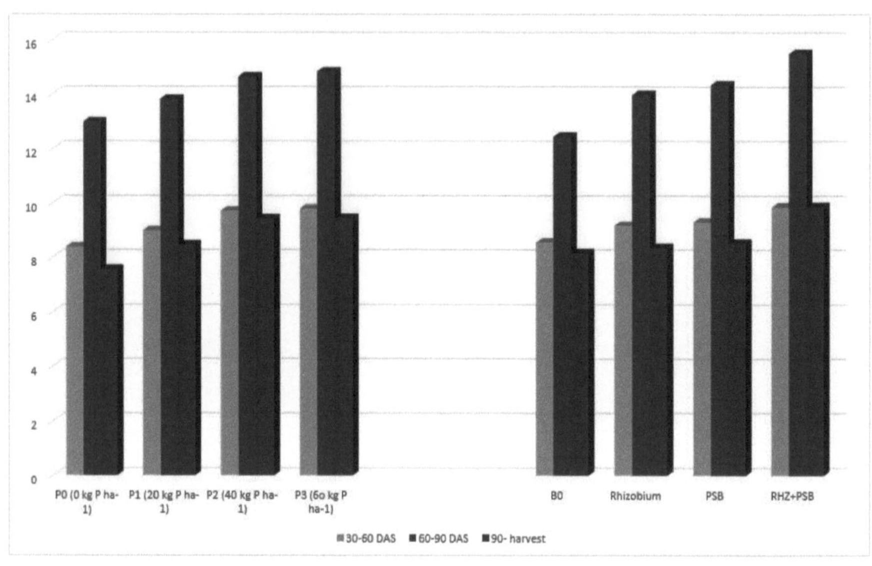

Fig. 7 Efeito de diferentes doses de fósforo e biofertilizantes na taxa média de crescimento da cultura (g m^{-2} dia^{-1}) do grão-de-bico.

4.2   Atributos de rendimento:

4.2.1 Número de vagens por planta:

Houve uma diferença significativa no número de vagens por planta entre os diferentes níveis de fósforo e biofertilizantes, e tabulado na tabela 4.5. E representado graficamente na figura 4.5. A ANOVA dos dados foi fornecida no apêndice.

Uma análise dos dados em relação aos níveis de fósforo mostrou que o número máximo de vagens por planta foi medido em 60 kg P ha^{-1} . enquanto o número mínimo de vagens por planta foi observado nas parcelas com controlo (0 kg P ha^{-1}). A aplicação de 60 kg P ha^{-1} resultou estatisticamente a par com 40 kg ha^{-1} e foi observada significativa com outros tratamentos.

O número de vagens por planta foi significativamente influenciado pela inoculação de vários biofertilizantes. A inoculação com *Rhizobium* e PSB mostrou o número máximo de vagens por planta entre os diferentes biofertilizantes. Enquanto que o número mais baixo de vagens por planta foi encontrado no controlo sem aplicação de quaisquer biofertilizantes. A inoculação com *Rhizobium* e PSB teve resultados significativos em relação aos outros tratamentos.

Não houve efeito de interação significativo entre os níveis de fósforo e biofertilizantes no número de vagens por planta.

4.2.2 Número de grãos por vagem:

Houve uma diferença significativa no número de grãos por vagem entre os diferentes níveis de fósforo e biofertilizantes, e tabulado na tabela 4.6. E representado graficamente na figura 4.6. A ANOVA dos dados foi fornecida no apêndice.

Uma análise dos dados em relação aos níveis de fósforo mostrou que o número máximo de grãos por vagem foi observado em 60 kg P ha^{-1} . enquanto o número mínimo de grãos por vagem foi registado nas parcelas com controlo (0 kg P ha^{-1}). A aplicação de 60 kg P ha^{-1} resultou estatisticamente a par com 40 kg ha^{-1} e foi observada significativa com outros tratamentos.

O número de grãos por vagem foi significativamente influenciado pela inoculação de vários biofertilizantes. A inoculação com *Rhizobium* e PSB mostrou o número máximo de grãos por vagem entre os diferentes biofertilizantes. Enquanto que o menor número de vagens por planta foi encontrado no controlo sem aplicação de biofertilizantes. A inoculação com *Rhizobium* e PSB teve resultados significativos em relação aos outros tratamentos.

Não houve efeito significativo da interação entre os níveis de fósforo e biofertilizantes no número de grãos por vagem.

Tabela 4.6. Efeito dos níveis de fósforo e biofertilizantes nos atributos de rendimento do grão-de-bico.

Tratamentos	Atributos de rendimento		
	Planta de vagens^{-1}	Vagem de grãos^{-1}	Índice de sementes
Níveis de fósforo			
P_0 (0 kg P ha)$^{-1}$	31.06	1.10	17.89
P_1 (20 kg P ha)$^{-1}$	35.94	1.35	20.38
P_2 (40 kg P ha)$^{-1}$	42.85	1.54	23.39
P_3 (6o kg P ha)$^{-1}$	44.37	1.61	24.28
SEm±	1.04	0.04	0.75
CD (P=0,05)	3.01	0.12	2.16
Biofertilizantes			
B0	33.39	1.19	18.23
Rhizobium	37.63	1.35	21.07
PSB	39.74	1.42	22.01
RHZ+PSB	43.46	1.65	24.62
SEm±	1.04	0.04	0.75
CD (P=0,05)	3.01	0.12	2.16
Interação (P x B)			
SEm±	2.09	0.08	1.49
CD (P=0,05)	NS	NS	NS

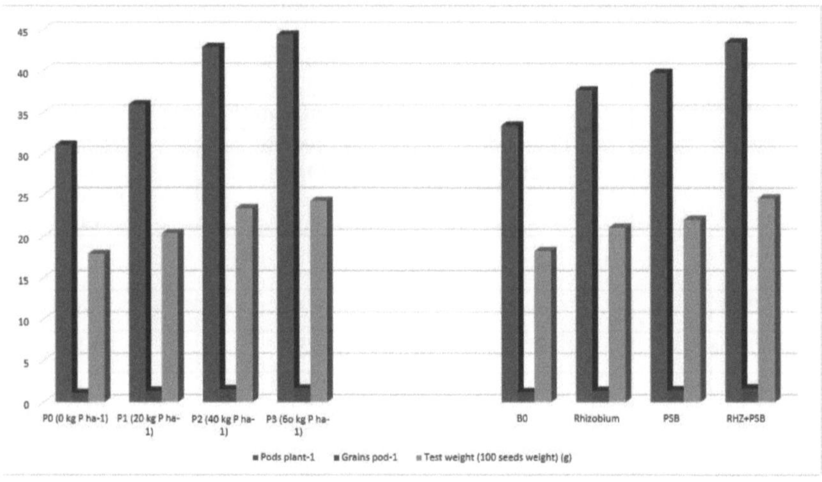

Fig. 8 Efeito de diferentes doses de fósforo e biofertilizantes nos atributos de rendimento do grão-de-bico.

4.2.3 Índice de sementes (peso de 100 grãos) (g):

Houve uma diferença significativa no peso do teste entre diferentes níveis de fósforo e biofertilizantes, e tabulado na tabela 4.7. E representado graficamente na figura 4.7. A ANOVA dos dados foi fornecida no apêndice.

Uma análise dos dados em relação aos níveis de fósforo mostrou que o peso máximo do teste foi observado em 60 kg P ha^{-1} . enquanto o peso mínimo do teste foi registado nas parcelas com controlo (0 kg P ha^{-1}). A aplicação de 60 kg P ha^{-1} resultou estatisticamente a par com 40 kg ha^{-1} e foi observada significativa com outros tratamentos.

O peso do teste foi significativamente influenciado pela inoculação de vários biofertilizantes. A inoculação com *Rhizobium* e PSB mostrou o maior peso de teste entre os diferentes biofertilizantes. Enquanto que o peso de teste mais baixo foi encontrado no controlo sem aplicação de quaisquer biofertilizantes. A inoculação com *Rhizobium* e PSB resultou significativa em relação aos outros tratamentos.

Não houve efeito de interação significativo entre os níveis de fósforo e biofertilizantes no peso do teste.

4.3 Rendimento:

4.3.1 Rendimento de grãos (kg ha^{-1}):

Houve uma diferença significativa no rendimento de grãos entre diferentes níveis de fósforo e biofertilizantes, e tabulado na tabela 4.8. E representado graficamente na figura 4.8. A ANOVA dos dados foi fornecida no apêndice.

Uma análise dos dados em relação aos níveis de fósforo mostrou que o maior rendimento de grãos foi medido em 60 kg P ha^{-1} . enquanto o menor rendimento de grãos foi observado nas parcelas com controlo (0 kg P ha^{-1}). A aplicação de 60 kg P ha^{-1} resultou estatisticamente a par com 40 kg ha^{-1} e foi observada significativa com outros tratamentos.

O rendimento do grão foi significativamente influenciado pela inoculação de vários biofertilizantes. A inoculação com *Rhizobium* e PSB mostrou o maior rendimento de grãos entre os diferentes biofertilizantes. Enquanto que o menor rendimento de grãos foi encontrado no controlo sem aplicação de quaisquer biofertilizantes. A inoculação com *Rhizobium* e PSB resultou significativa em relação aos outros tratamentos. Não houve efeito de interação significativo entre os níveis de fósforo e biofertilizantes no rendimento de grãos.

4.3.2 Rendimento da palha (kg ha^{-1}):

Houve uma diferença significativa no rendimento da palha entre diferentes níveis de fósforo e biofertilizantes, e tabulado na tabela 4.8. E representado graficamente na figura 4.8. A ANOVA dos dados foi fornecida no apêndice.

Uma análise dos dados em relação aos níveis de fósforo mostrou que o maior rendimento de palha foi medido em 60 kg P ha^{-1} . enquanto o menor rendimento de palha foi observado nas parcelas com controlo (0 kg P ha^{-1}). A aplicação de 60 kg P ha^{-1} resultou estatisticamente a par com 40 kg ha^{-1} e foi observada significativa com outros tratamentos.

O rendimento da palha foi significativamente influenciado pela inoculação de vários biofertilizantes. A inoculação com *Rhizobium* e PSB mostrou o maior rendimento de palha entre os diferentes biofertilizantes. Enquanto que o rendimento de palha mais baixo foi encontrado no controlo sem aplicação de quaisquer biofertilizantes. A inoculação com *Rhizobium* e PSB resultou significativa em relação aos outros tratamentos.

Não houve efeito de interação significativo entre os níveis de fósforo e biofertilizantes no rendimento do grão.

4.3.3 Rendimento biológico (kg ha^{-1}):

O rendimento biológico não foi analisado estatisticamente e os dados relativos ao rendimento biológico foram tabulados na tabela 4.8. E representados graficamente na figura 4.8.

Os dados relativos aos níveis de fósforo mostraram que o maior rendimento biológico foi medido em 60 kg P ha^{-1} . enquanto o menor rendimento de palha foi observado nas parcelas com controlo (0 kg P ha).$^{-1}$

A inoculação com *Rhizobium* e PSB mostrou o maior rendimento biológico entre os diferentes biofertilizantes. Enquanto que o menor rendimento da palha foi encontrado no controlo sem aplicação de quaisquer biofertilizantes.

4.3.4 Índice de colheita (%):

O índice de colheita não foi analisado estatisticamente e os dados relativos ao índice de colheita foram tabulados na tabela 4.8. E representados graficamente na figura 4.8.

Tabela 4.7. Efeito dos níveis de fósforo e biofertilizantes no rendimento do grão-de-bico.

Tratamentos	Rendimento			
	Rendimento de grãos (kg ha $)^{-1}$	Rendimento da palha (kg ha $)^{-1}$	Rendimento biológico (Kg ha $)^{-1}$	Índice de colheita (%)
Níveis de fósforo				
P_0 (0 kg P ha $)^{-1}$	2488	5766	8254	30.12
P_1 (20 kg P ha $)^{-1}$	2733	6086	8819	30.92
P_2 (40 kg P ha $)^{-1}$	3004	6487	9559	31.37
P_3 (6o kg P ha $)^{-1}$	3132	6696	9761	32.02
SEm±	87	166	-	-
CD (P=0,05)	250	479	-	-
Biofertilizantes				
B0	2370	5314	7684	30.79
Rhizobium	2748	6127	8875	30.91
PSB	2938	6530	9468	30.98
RHZ+PSB	3301	7065	10366	31.76
SEm±	87	166	-	-
CD (P=0,05)	250	479	-	-
Interação (P x B)				
SEm±	173.31	331.96	-	-
CD (P=0,05)	NS	NS	-	-

Os dados relativos aos níveis de fósforo mostraram que o maior índice de colheita foi medido em 60 kg P ha^{-1} . enquanto o menor índice de colheita foi observado nas parcelas com controlo (0 kg P ha).$^{-1}$

A inoculação com *Rhizobium* e PSB apresentou o maior índice de colheita entre os diferentes biofertilizantes. Enquanto que o índice de colheita mais baixo foi encontrado no controlo sem aplicação de quaisquer biofertilizantes.

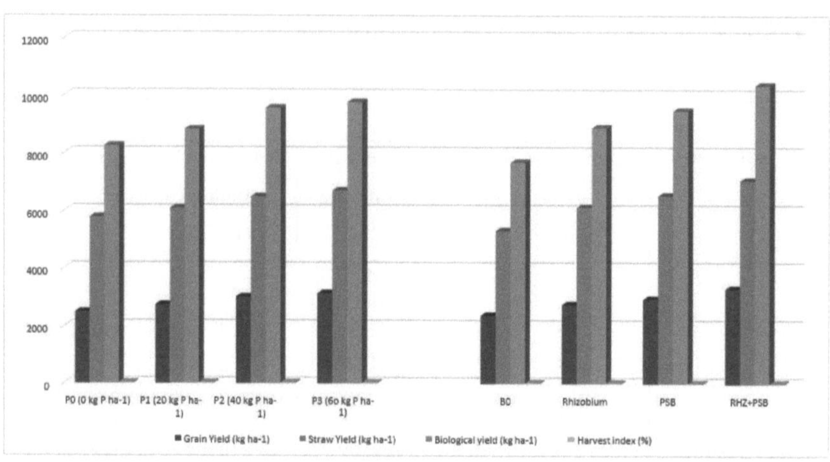

Fig. 9 Efeito de diferentes doses de fósforo e biofertilizantes no rendimento do grão-de-bico.

4.4 Parâmetros de qualidade e absorção de nutrientes:

4.4.1 Teor de proteínas (%):

Houve uma diferença significativa no teor de proteína entre diferentes níveis de fósforo e biofertilizantes, e tabulado na tabela 4.9. E representado graficamente na figura 4.9. A ANOVA dos dados foi fornecida no apêndice.

Uma análise dos dados em relação aos níveis de fósforo mostrou que o maior teor de proteínas foi medido em 60 kg P ha^{-1}. enquanto o menor teor de proteínas foi observado nas parcelas com controlo (0 kg P ha^{-1}). A aplicação de 60 kg P ha^{-1} resultou estatisticamente a par com 40 kg ha^{-1} e foi observada significativa com outros tratamentos.

O teor de proteínas foi significativamente influenciado pela inoculação de vários biofertilizantes. A inoculação com *Rhizobium* e PSB mostrou o maior teor de proteínas entre os diferentes biofertilizantes. Enquanto que o teor de proteínas mais baixo foi encontrado no controlo sem aplicação de quaisquer biofertilizantes. A inoculação com *Rhizobium* e PSB resultou significativa em relação aos outros tratamentos.

Não houve efeito de interação significativo entre os níveis de fósforo e biofertilizantes no teor de proteínas.

4.4.2 Absorção de azoto (kg ha^{-1}):

Houve uma diferença significativa na absorção de azoto entre diferentes níveis de fósforo e biofertilizantes, e tabulada na tabela 4.9. E representado graficamente na figura 4.9. A ANOVA dos dados foi fornecida no apêndice.

Uma análise dos dados em relação aos níveis de fósforo mostrou que a absorção máxima de azoto foi registada em 60 kg P ha^{-1}. enquanto a absorção mínima de azoto foi observada nas parcelas com controlo (0 kg P ha^{-1}). A aplicação de 60 kg P ha^{-1} resultou estatisticamente a par com 40 kg ha^{-1} e foi observada significativa com outros tratamentos.

A absorção de azoto foi significativamente influenciada pela inoculação de vários biofertilizantes. A inoculação com *Rhizobium* e PSB mostrou a absorção máxima de azoto entre os diferentes biofertilizantes. Enquanto que a absorção mínima de azoto foi encontrada no controlo sem aplicação de quaisquer biofertilizantes. A inoculação com *Rhizobium* e PSB resultou significativa em relação aos outros tratamentos.

Não se verificou um efeito de interação significativo entre os níveis de fósforo e de biofertilizantes na absorção de azoto.

4.4.3 Absorção de fósforo (kg ha^{-1}):

Houve uma diferença significativa na absorção de fósforo entre diferentes níveis de fósforo e biofertilizantes, e tabulada na tabela 4.9. E representado graficamente na figura 4.9. A ANOVA dos dados foi fornecida no apêndice.

Uma análise dos dados em relação aos níveis de fósforo mostrou que a absorção máxima de fósforo foi registada em 60 kg P ha^{-1} . enquanto a absorção mínima de fósforo foi observada nas parcelas com controlo (0 kg P ha^{-1}). A aplicação de 60 kg P ha^{-1} resultou estatisticamente a par com 40 kg ha^{-1} e foi observada significativa com outros tratamentos.

A absorção de fósforo foi significativamente influenciada pela inoculação de vários biofertilizantes. A inoculação com *Rhizobium* e PSB mostrou a absorção máxima de fósforo entre os diferentes biofertilizantes. Enquanto que a absorção mínima de fósforo foi encontrada no controlo sem aplicação de quaisquer biofertilizantes. A inoculação com *Rhizobium* e PSB resultou significativa em relação aos outros tratamentos.

Não se verificou um efeito de interação significativo entre os níveis de fósforo e os biofertilizantes na absorção de fósforo.

4.4.4 Absorção de potássio (kg ha^{-1}):

Houve uma diferença significativa na absorção de potássio entre diferentes níveis de fósforo e biofertilizantes, e tabulada na tabela 4.9. E representado graficamente na figura 4.9. A ANOVA dos dados foi fornecida no apêndice.

Uma análise dos dados em relação aos níveis de fósforo mostrou que a absorção máxima de potássio foi registada em 60 kg P ha^{-1} . enquanto a absorção mínima de potássio foi observada nas parcelas com controlo (0 kg P ha^{-1}). A aplicação de 60 kg P ha^{-1} resultou estatisticamente a par com 40 kg ha^{-1} e foi observada significativa com outros tratamentos.

A absorção de potássio foi significativamente influenciada pela inoculação de vários biofertilizantes. A inoculação com *Rhizobium* e PSB mostrou a absorção máxima de potássio entre os diferentes biofertilizantes. Enquanto que a absorção mínima de potássio foi encontrada no controlo sem aplicação de quaisquer biofertilizantes. A inoculação com *Rhizobium* e PSB resultou significativa em relação aos outros tratamentos.

Não houve efeito significativo de interação entre os níveis de fósforo e biofertilizantes na absorção de potássio.

**Quadro 4.8 Efeito dos níveis de fósforo e dos biofertilizantes na qualidade
e na absorção de nutrientes do grão-de-bico.**

Tratamentos	Qualidade e absorção de nutrientes			
	Teor de proteínas (%)	Absorção de azoto (Kg ha)$^{-1}$	Absorção de P (Kg ha)$^{-1}$	Absorção de K (Kg ha)$^{-1}$
Níveis de fósforo				
P0 (0 kg P ha)$^{-1}$	16.05	64.29	20.58	48.67
P1 (20 kg P ha)$^{-1}$	17.71	76.82	22.30	54.08
P2 (40 kg P ha)$^{-1}$	19.96	96.98	24.25	58.46
P3 (6o kg P ha)$^{-1}$	20.99	103.85	25.21	58.70
SEm±	0.49	2.56	0.57	1.39
CD (P=0,05)	1.41	7.39	1.63	4.01
Biofertilizantes				
B0	17.06	64.68	21.04	50.30
Rhizobium	18.56	81.92	22.87	54.46
PSB	18.82	89.02	23.19	55.23
RHZ+PSB	20.27	106.32	25.24	59.92
SEm±	0.49	2.56	0.57	1.39
CD (P=0,05)	1.41	7.39	1.63	4.01
Interação (P x B)				
SEm±	0.98	5.12	1.13	2.77
CD (P=0,05)	NS	NS	NS	NS

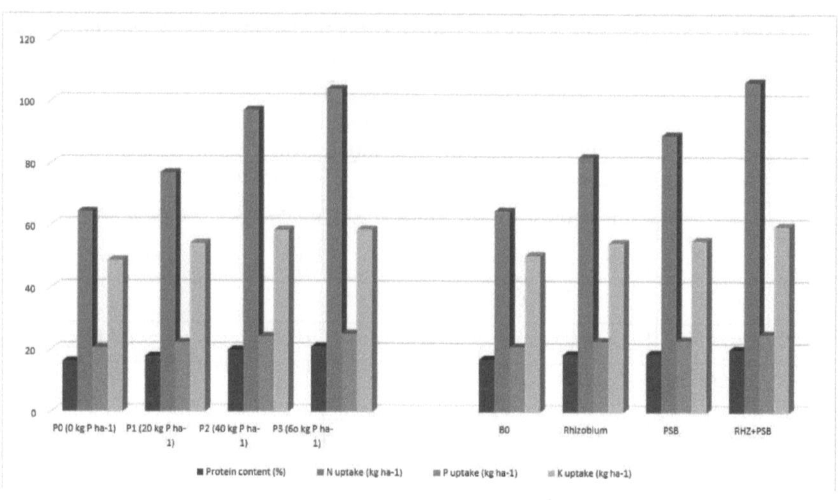

Fig.10 Efeito de diferentes doses de fósforo e biofertilizantes na qualidade e absorção de nutrientes do grão-de-bico.

Quadro 4.9 Efeito dos níveis de fósforo e dos biofertilizantes na economia do grão-de-bico.

Detalhes do tratamento	Custo comum (Rs. ha $)^{-1}$	Custo do tratamento (Rs. ha $)^{-1}$	Rendimento bruto (Rs.ha $)^{-1}$	Rendimento líquido (Rs. ha $)^{-1}$	Rácio B-C (Rúpias/Re.investido)
$P_0 + B_0$	38000	0	96230	58230	1.53
$P_0 + Rhizobium$	38000	250	109978	71728	1.88
$P_0 + PSB$	38000	300	112005	73705	1.92
$P_0 + Rhizobium + PSB$	38000	550	126007	87457	2.27
$P_{20} + B_0$	38000	1250	105086	65836	1.68
$P_{20} + Rhizobium$	38000	1500	116873	77373	1.96
$P_{20} + PSB$	38000	1550	127778	88228	2.23
$P_{20} + Rhizobium+ PSB$	38000	1800	136280	96480	2.42
$P_{40} + B_0$	38000	2500	108734	68234	1.68
$P_{40} + Rhizobium$	38000	2750	124147	83397	2.05
$P_{40} + PSB$	38000	2800	138901	98100	2.40
$P_{40} + Rhizobium+ PSB$	38000	3050	160821	119771	2.92
$P_{60} + B_0$	38000	3750	111737	69987	1.68
$P_{60} + Rhizobium$	38000	4000	137736	95736	2.28
$P_{60} + PSB$	38000	4050	143681	101631	2.42
$P_{60} + Rhizobium+ PSB$	38000	4300	161614	119314	2.82

4.5   Economia

4.5.1 Rendimento bruto

O estudo do retorno bruto foi mencionado na tabela 4.10. O retorno bruto máximo de ₹ 161613.7 foi obtido com a aplicação de 60 kg P ha^{-1} com inoculação de *Rhizobium* e PSB enquanto o retorno bruto mínimo foi obtido no controle, ou seja, ₹ 96229.65.

4.5.2 Rendimento líquido

O retorno líquido máximo ₹ 119770,6 foi obtido com a aplicação de 40 kg P ha^{-1} com inoculação de *Rhizobium* e PSB, seguido de 40 kg P ha^{-1} com inoculação de *Rhizobium* e PSB

₹ 119313,7 e o rendimento bruto mínimo foi obtido no controlo, ou seja, ₹ 58229,65.

4.5.3 Rácio B-C

A Tabela 4.10. revelou que a aplicação de 40 kg P ha^{-1} com inoculação de *Rhizobium* e PSB deu o maior rácio B-C (2,92), seguido de 40 kg P ha^{-1} com inoculação de *Rhizobium* e PSB (2,82) e o menor rácio B-C (1,53) foi obtido no controlo.

CAPÍTULO - 5
DISCUSSÃO

A experiência intitulada Efeito de diferentes doses de fósforo e biofertilizantes e atributos de crescimento, rendimento e qualidade do grão-de-bico na região da grelha de Madhya Pradesh foi realizada durante æstação rabi 2021-22 no CRC-1, Universidade ITM, Gwalior (M.P). No capítulo seguinte, devido à influência dos diferentes tratamentos, foram observadas diferenças significativas nos critérios utilizados para a avaliação dos tratamentos. Esta parte da tese explica as possíveis razões para os resultados, influenciando o rendimento e a absorção de nutrientes pela cultura do grão-de-bico sob diferentes níveis de fósforo e biofertilizantes como *Rhizobium*, PSB e a combinação de ambos. Os resultados importantes que emergiram deste estudo foram discutidos resumidamente para se chegar a uma conclusão válida com a ajuda de literatura interessante neste domínio.

5.1 Efeito de diferentes níveis de fósforo e biofertilizantes no crescimento, rendimento e teor de nutrientes, e absorção de um grão-de-bico.

5.1.1 Parâmetros de crescimento:

Como os resultados fornecidos acima, os dados foram registados a partir de 30 DAS até à colheita nas fases subsequentes. A cultura foi medida em termos de altura da planta, número de nódulos, número de ramos e acumulação de matéria seca. Os resultados variaram em todas as fases de crescimento da cultura e mostraram uma diferença significativa entre os níveis de fósforo e biofertilizante na altura da planta, número de nódulos, número de ramos e acumulação de matéria seca.

Os dados revelaram que houve um aumento na altura da planta até a colheita da cultura. Entre os diferentes níveis de fósforo, 60 kg P ha^{-1} registou alturas de plantas significativamente mais elevadas em todas as fases de crescimento da cultura, o que resultou a par com 40 kg P ha^{-1} em todas as fases. Entre os diferentes biofertilizantes, *Rhizobium* + PSB registou alturas de plantas significativamente mais elevadas em todas as fases de crescimento da cultura, em comparação com os outros tratamentos.

Os dados revelaram que houve um aumento no número de nódulos aos 30 e 60 DAS do estágio de crescimento da cultura. Entre os diferentes níveis de fósforo, 60 kg P ha^{-1} registou um número significativamente mais elevado de nódulos aos 30 e 60 DAS da fase de crescimento da cultura, o que resultou a par com 40 kg P ha^{-1} aos 30 e 60 DAS. Entre os diferentes biofertilizantes, *Rhizobium* + PSB registou um número significativamente mais elevado de nódulos aos 30 e 60 DAS do crescimento da cultura, em comparação com os outros tratamentos. Os dados revelaram que houve um aumento no número de ramos até à colheita da cultura. Entre os diferentes níveis de fósforo, 60 kg P ha^{-1} registou um número significativamente maior de ramos em todas as fases de crescimento da cultura, o que resultou a par com 40 kg P ha^{-1} em todas as fases. Entre osdiferentes biofertilizantes, *Rhizobium* + PSB registou um número significativamente mais elevado de ramos em todas as fases de crescimento da cultura, em comparação com os outros tratamentos.

Os dados revelaram que houve um aumento na acumulação de matéria seca até à colheita da cultura. Entre os diferentes níveis de fósforo, 60 kg P ha^{-1} registou uma acumulação de matéria seca significativamente máxima em todas as fases de crescimento da cultura, o que resultou a par com 40 kg P ha^{-1} em todas as fases. Entre os diferentes biofertilizantes, *Rhizobium* + PSB registou uma acumulação de matéria seca significativamente máxima em todas as fases de crescimento da cultura, em comparação com os outros tratamentos.

O aumento da disponibilidade de fósforo pode ter impulsionado o crescimento vegetativo porque o nutriente aplicado promoveu o crescimento das plantas ao garantir um maior número de folhas verdes com maior fotossíntese como resultado de (1) aumento do metabolismo devido à absorção de nutrientes das plantas, (2) influência nas membranas celulares das folhas, (3) formação de raízes mais longas e mais fortes para absorver água e nutrientes suficientes, e (4) atuação na divisão das células em raízes e rebentos. O fósforo melhorará o desenvolvimento das raízes ao aumentar a disponibilidade de fósforo, o que promoverá a absorção de minerais, nutrientes e humidade do solo a partir de camadas mais profundas do solo. Também melhorará a utilização adequada dos nutrientes através da ativação de enzimas vegetais. Uma dose mais elevada de fósforo através de (SSP) e *Rhizobium* + PSB biofertilizante, que melhorou a disponibilidade de fósforo, tornando-o disponível numa forma de nutriente que as plantas podem absorver, levou a um aumento notável na altura da planta, número de ramos, aumento de nódulos radiculares, acumulação de matéria seca. A disponibilidade de nutrientes acelera o alongamento e a divisão celular, o que, em última análise, melhorou os atributos de crescimento do grão-de-bico e as desvantagens são a) Se houver uma grande quantidade de fósforo no solo, este liga-se muito rapidamente a outros nutrientes como Fe, Mn, Al, Mg e Ca poucos dias após a aplicação, fazendo com que as plantas percam a sua capacidade de absorver os micronutrientes necessários. b) Resulta numa diminuição dos níveis de oxigénio dissolvido, o que se designa por eutrofização. Resultados semelhantes foram registados para os parâmetros fisiológicos: Shivkumar *et al.* (2004), Salchame A. *et.al* (2020) e Singh *et.al* (2021).

Atributos de rendimento

Foram estudados os parâmetros diretamente responsáveis pela produção de grão-de-bico, tais como o número de vagens^{-1} , o número de grãos^{-1} , o peso do teste e o rendimento de grãos (Kg ha^{-1}), o rendimento de palha (Kg ha^{-1}), o rendimento biológico (Kg ha^{-1}), o índice de colheita (%).

Os dados revelaram que houve uma diferença significativa no número de vagens entre os tratamentos. Entre os diferentes níveis de fósforo, 60 kg de P ha^{-1} registou um número significativamente mais elevado de vagens por planta, mas foi encontrado a par com 40 kg de P ha^{-1} . Entre os diferentes biofertilizantes, *Rhizobium* + PSB registou um número significativamente mais elevado de vagens por planta do que os outros tratamentos.

Os dados revelaram que houve uma diferença significativa no número de grãos por vagem entre os tratamentos. Entre os diferentes níveis de fósforo, 60 kg de P ha^{-1} registou um número significativamente mais elevado de grãos por vagem, mas foi encontrado a par com 40 kg de P ha^{-1} . Entre os diferentes biofertilizantes, *Rhizobium* + PSB registou um número significativamente mais elevado de grãos por vagem do que os outros tratamentos.

Os dados revelaram que houve uma diferença significativa no peso de teste entre os tratamentos. Entre os diferentes níveis de fósforo, 60 kg de P ha^{-1} registou um peso de teste significativamente mais elevado, mas foi encontrado a par com 40 kg de P ha^{-1} . Entre os diferentes biofertilizantes, *Rhizobium* + PSB registou um peso de teste significativamente mais elevado do que os outros tratamentos.

Os dados revelaram que houve uma diferença significativa no rendimento de grãos entre os tratamentos. Entre os diferentes níveis de fósforo, 60 kg P ha^{-1} registou um rendimento de grão significativamente mais elevado, mas igual ao de 40 kg P ha^{-1} . Entre os diferentes biofertilizantes, *Rhizobium* + PSB registou um rendimento de grãos significativamente mais elevado do que os outros tratamentos.

Os dados revelaram que houve uma diferença significativa no rendimento da palha entre os tratamentos. Entre os diferentes níveis de fósforo, 60 kg de P ha^{-1} registou um rendimento de palha significativamente mais elevado, mas igual ao de 40 kg de P ha^{-1} . Entre os diferentes biofertilizantes, *Rhizobium* + PSB registou um rendimento de palha significativamente mais elevado do que os outros tratamentos.

Todos os parâmetros de produção e rendimento foram grandemente melhorados devido ao aumento do fornecimento de fósforo através de SSP e *Rhizobium* + PSB, o que permitiria aos nódulos radiculares fixar o azoto. As vantagens do Fósforo são a) Promove a divisão celular e o crescimento e desenvolvimento da raiz b) Aumento da resistência do caule e da haste c) Melhoria da formação de flores e produção de sementes d) Aumento da capacidade de fixação de N das leguminosas e) Aumento da resistência às doenças das plantas e. Resulta numa maior acumulação e translocação de proteínas para os órgãos reprodutivos, resultando num maior número de vagens, peso do grão e da planta, bem como noutros componentes do rendimento.

O Rhizobium ajuda a fixar o azoto nos nódulos radiculares a partir da atmosfera, convertendo o dinitrogénio em amoníaco. As causas prováveis são que resultou numa maior acumulação de proteínas e translocação para os órgãos reprodutivos, resultando num maior número de vagens e peso do grão da planta $^{-1}$, bem como noutros componentes do rendimento. Isto deveu-se a uma maior absorção e translocação de nutrientes, o que aumenta a fotossíntese e a acumulação de fotossintatos. Além disso, o PSB converte o fósforo insolúvel numa forma solúvel de fósforo e o Azospirillum não apresenta resultados eficazes porque foi utilizado em culturas não leguminosas, uma vez que é uma bactéria não simbiótica. Resultados semelhantes foram registados por Gupta (2006), Dhankher *et al.* (2013) e Singh *et.al* (2021). Parâmetros de qualidade. Teor proteico

Os dados revelaram que houve uma diferença significativa no teor de proteínas entre os tratamentos. Entre os diferentes níveis de fósforo, 60 kg de P ha^{-1} registou um teor de proteínas significativamente mais elevado, mas igual ao de 40 kg de P ha^{-1} . Entre os diferentes biofertilizantes, *Rhizobium* + PSB registou um teor de proteínas significativamente mais elevado do que os outros tratamentos.

O Rhizobium ajuda a fixar o azoto nos nódulos radiculares a partir da atmosfera, convertendo o dinitrogénio em amoníaco. As causas prováveis são que resultou numa maior acumulação e translocação de proteínas para os órgãos reprodutivos, resultando num maior número de vagens e peso do grão da planta $^{-1}$, bem como noutros componentes do rendimento. Isto deveu-se a uma maior absorção e translocação de nutrientes, o que aumenta a fotossíntese e a acumulação de fotossintatos. Além disso, o PSB converte o fósforo insolúvel numa forma solúvel de fósforo, mas não apresenta resultados eficazes porque foi utilizado em culturas não leguminosas, uma vez que é uma bactéria não simbiótica. Resultados semelhantes foram registados por Sahni *et al.* (2008) e Shayam Das *et al.* (2012)

5.1.4 Absorção de nutrientes

Os dados revelaram que houve uma diferença significativa na absorção de azoto entre os tratamentos. Entre os diferentes níveis de fósforo, 60 kg de P ha^{-1} registou uma absorção deazoto significativamente mais elevada, mas igual à de 40 kg de P ha^{-1} . Entre os diferentes biofertilizantes, *Rhizobium* + PSB registou uma absorção de azoto significativamente mais elevada do que os outros tratamentos.

Os dados revelaram que houve uma diferença significativa na absorção de fósforo entre os tratamentos. Entre os diferentes níveis de fósforo, 60 kg de P ha^{-1} registou uma absorção de fósforo significativamente mais elevada, mas foi encontrada a par com 40 kg de P ha^{-1} . Entre os diferentes biofertilizantes, o *Rhizobium*
+ PSB registou uma absorção de fósforo significativamente mais elevada do que os outros tratamentos.

Os dados revelaram que houve uma diferença significativa na absorção de potássio entre os tratamentos. Entre os diferentes níveis de fósforo, 60 kg de P ha^{-1} registou uma absorção de potássio significativamente mais elevada, mas igual à de 40 kg de P ha^{-1} . Entre os diferentes biofertilizantes, o *Rhizobium*
+ PSB registou uma absorção de potássio significativamente mais elevada do que os outros tratamentos.

Resultados semelhantes foram encontrados nas conclusões de Singh e Singh *et al.* (2004) em grama preta e Chandra Deo e Khandelwal (2009) em grão-de-bico. Economia

O retorno líquido máximo ₹ 119770.6 foi obtido com a aplicação de 40 kg P ha^{-1} com inoculação de *Rhizobium* e PSB, seguido de 60 kg P ha^{-1} com inoculação de *Rhizobium* e PSB
₹ 119313,7 e o retorno bruto mínimo foi obtido no controle, ou seja, ₹ 58229,65. E a aplicação de 40 kg P ha^{-1} com inoculação de *Rhizobium* e PSB deu a maior relação B-C (2,92), seguido por 60 kg P ha^{-1} com inoculação de *Rhizobium* e PSB (2,82) e a menor relação B-C (1,53) foi obtida no controle. Resultados semelhantes foram relatados por Dhankher *et al.* (2013) e Singh *et.al* (2018).

CAPÍTULO 6
RESUMO E CONCLUSÃO

A experiência de campo intitulada "Efeito de diferentes doses de fósforo e biofertilizantes no crescimento, rendimento e atributos de qualidade do grão-de-bico (Cicer *arietinum* L.) na região de Madhya Pradesh" foi realizada no Centro de Investigação de Culturas perto da estufa, na Universidade ITM de Gwalior (M.P.). Os tratamentos consistiram em quatro níveis de fósforo (20, 40, 60 kg P O_{25} ha^{-1}), fonte de fósforo (SSP) e controlo (sem aplicação de fósforo). e três biofertilizantes (*Rhizobium*, PSB e *Rhizobium* + PSB) e controlo (sem inoculação de biofertilizantes). Cada tratamento experimental foi repetido três vezes.

<u>6.1</u>   Efeito de diferentes doses de fósforo no grão-de-bico

Registou-se um aumento significativo da altura das plantas a partir dos 30 DAS até à fase de colheita da cultura. A aplicação de 60 kg de P O_{25} ha^{-1} registou uma altura de planta significativamente máxima em todas as fases de crescimento da cultura. A maior altura de planta foi registada em 60 kg de P O_{25} ha^{-1} provou ser significativamente superior a outros níveis, mas foi encontrada a par com 40 kg P ha^{-1}. aos 30, 60, 90 DAS e na colheita.

Registou-se um aumento significativo na acumulação de matéria seca a partir dos 30 DAS até à fase de colheita da cultura. A aplicação de 60 kg de P O_{25} ha^{-1} registou uma acumulação de matéria seca significativamente máxima em todas as fases de crescimento da cultura. A maior acumulação de matéria seca foi registada com 60 kg de $P_{2}O_{5}$ ha^{-1}, que se revelou significativamente superior aos outros níveis, mas igual a 40 kg de P O_{25} ha^{-1}. aos 30, 60, 90 DAS e na colheita.

Registou-se um aumento significativo do número de ramos a partir dos 30 DAS até à fase de colheita da cultura. A aplicação de 60 kg de P O_{25} ha^{-1} registou significativamente o número máximo de ramos em todas as fases de crescimento da cultura. O maior número de ramos foi registado com 60 kg de $P_{2}O_{5}$ ha^{-1}, que se revelou significativamente superior aos outros níveis, mas igual a 40 kg de P O_{25} ha^{-1}. aos 30, 60, 90 DAS e na colheita.

Houve um aumento significativo no número efetivo de nódulos por planta dos 30 DAS aos 60 DAS da cultura. A aplicação de 60 kg de P O_{25} ha^{-1} registou significativamente o máximo de nódulos radiculares efectivos entre os 30 DAS e os 60 DAS do crescimento da cultura. O maior número efetivo de nódulos por planta foi registado em 60 kg de P O$_{25}$ ha^{-1} provou ser significativamente superior a outros níveis, mas foi encontrado a par com 40 kg de P O$_{25}$ ha^{-1} . aos 30 e 60 DAS. Os dados revelaram que houve um aumento na taxa de crescimento da cultura até 60-90 DAS e depois diminuiu até 90 DAS - colheita da cultura. Entre os diferentes níveis, 60 kg p ha^{-1} registou uma CGR significativamente mais elevada como 9,81, 14,84, 9,45, aos 30, 60, 90 DAS e na fase de colheita da cultura, respetivamente, o que resultou a par com 40 kg P$_{2O5}$ ha^{-1} em todas as fases.

Houve um aumento significativo no rendimento de sementes da cultura com o aumento das doses de fósforo. A aplicação de 60 kg de P O$_{25}$ ha^{-1} registou um rendimento de sementes significativamente máximo. A maior produção de sementes foi registada em 60 kg P O$_{25}$ ha^{-1} provou ser significativamente superior a outros níveis, mas foi encontrada a par com 40 kg P O$_{25}$ ha^{-1} .

Registou-se um aumento significativo no rendimento da palha da cultura com o aumento das doses de fósforo. A aplicação de 60 kg de P O$_{25}$ ha^{-1} registou um rendimento de palha significativamente máximo. O rendimento de palha mais elevado foi registado em 60 kg P O$_{25}$ ha^{-1} provou ser significativamente superior a outros níveis, mas foi encontrado a par com 40 kg P O$_{25}$ ha^{-1} .

O rendimento biológico e o índice de colheita não foram analisados estatisticamente, mas a aplicação de 60 kg de P O$_{25}$ ha^{-1} registou um rendimento biológico e um índice de colheita mais elevados em comparação com outros tratamentos. O rendimento biológico e o índice de colheita mais elevados foram registados com 60 kg de P O$_{25}$ ha^{-1} , que se revelou significativamente superior aos outros níveis, mas foi encontrado a par com 40 kg de P O$_{25}$ ha^{-1} .

Houve um aumento significativo do peso de 100 sementes (índice de sementes) com o aumento das doses de fósforo. A aplicação de 60 kg de P O$_{25}$ ha^{-1} registou o peso máximo. O maior peso de 100 sementes (índice de sementes) foi registado em 60 kg de P O$_{25}$ ha^{-1} provou ser significativamente superior a outros níveis, mas foi encontrado a par com 40 kg de P O$_{25}$ ha^{-1} .

Houve um aumento significativo no número de vagens por planta com o aumento das doses de fósforo. A aplicação de P O$_{25}$ ha^{-1} registou significativamente o número máximo de vagens por planta da cultura. O número mais elevado de vagens por planta foi registado com 60 kg de P O$_{25}$ ha^{-1} , que se revelou significativamente superior aos outros níveis, mas igual a 40 kg de P O$_{25}$ ha^{-1} .

Registou-se um aumento significativo do número de grãos por vagem com o aumento das doses de fósforo. A aplicação de P O$_{25}$ ha^{-1} registou significativamente o máximo de grãos por vagem da cultura. O maior número de grãos por vagem foi registado com 60 kg de P O$_{25}$ ha^{-1} , que se revelou significativamente superior aos outros níveis, mas igual a 40 kg de P O$_{25}$ ha^{-1} .

Registou-se um aumento significativo do rendimento proteico da cultura com o aumento das doses de fósforo. A aplicação de 60 kg de P O$_{25}$ ha^{-1} registou um aumento significativo no rendimento proteico da cultura. O rendimento proteico mais elevado foi registado com 60 kg de P O$_{25}$ ha^{-1} , que se revelou significativamente superior a outros níveis, mas igual a 40 kg de P O$_{25}$ ha^{-1} .

Verificou-se uma absorção significativa de azoto no grão e na palha da cultura com o aumento das doses de fósforo. A aplicação de 60 kg de P O$_{25}$ ha^{-1} registou uma absorção máxima significativa de azoto no grão e na palha da cultura. A absorção mais elevada de azoto no grão e na palha foi registada com 60 kg de P O$_{25}$ ha^{-1} , que se revelou significativamente superior a outros níveis, mas igual a 40 kg de P O$_{25}$ ha^{-1} .

Verificou-se uma absorção significativa de fósforo no grão e na palha da cultura à medida que aumentavam as doses de fósforo. A aplicação de 60 kg de P O$_{25}$ ha^{-1} registou uma absorção máxima significativa de fósforo no grão e na palha da cultura. A maior absorção de fósforo no grão e na palha foi registada com 60 kg de P O$_{25}$ ha^{-1} , que se revelou significativamente superior a outros níveis, mas igual a 40 kg de P O$_{25}$ ha^{-1} .

Houve uma absorção significativa de potássio no grão e na palha da cultura com o aumento das doses de fósforo. A aplicação de 60 kg de P O$_{25}$ ha^{-1} registou uma absorção máxima significativa de potássio no grão e na palha da cultura. A absorção mais elevada de potássio no grão e na palha foi registada com 60 kg de P O$_{25}$ ha^{-1} , que se revelou significativamente superior aos outros níveis, mas igual a 40 kg de P O$_{25}$ ha^{-1} .

<u>6.2</u> Efeito dos biofertilizantes com e sem dupla inoculação no grão-de-bico

A maior altura de planta foi registada na inoculação com *Rhizobium* e PSB provou ser significativamente superior a outros tratamentos de biofertilizante, aos 30, 60, 90 DAS e na colheita.

A maior acumulação de matéria seca foi registada na inoculação com *Rhizobium* e PSB, que se mostrou significativamente superior aos outros tratamentos de biofertilizante, aos 30, 60, 90 DAS e na colheita.

O maior número de ramos foi registado em Inoculação com *Rhizobium* e PSB provou ser significativamente superior a outros tratamentos de biofertilizante, aos 30, 60, 90 DAS e na colheita.

O maior número efetivo de nódulos por planta foi registado em Inoculação com *Rhizobium* e PSB provou ser significativamente superior a outros tratamentos de biofertilizante, aos 30 e 60 DAS.

A maior taxa de crescimento da cultura (CGR) registada na inoculação com *Rhizobium* e PSB provou ser significativamente superior a outros tratamentos de biofertilizante, aos 30, 60, 90 DAS e na colheita.

A maior produção de sementes da cultura foi registada na inoculação com *Rhizobium* e PSB provou ser significativamente superior a outros tratamentos de biofertilizante, aos 30, 60, 90 DAS e na colheita.

A maior produção de palha da cultura foi registada na inoculação com *Rhizobium* e PSB provou ser significativamente superior a outros tratamentos de biofertilizante, aos 30, 60, 90 DAS e na colheita.

O rendimento biológico e o índice de colheita não foram analisados estatisticamente, mas o rendimento biológico e o índice de colheita mais elevados foram registados na inoculação com *Rhizobium* e PSB, que se revelaram significativamente superiores aos outros tratamentos de biofertilizante, aos 30, 60, 90 DAS e na colheita. O maior peso de 100 sementes (índice de sementes) da cultura foi registado na inoculação com *Rhizobium* e PSB provou ser significativamente superior a outros tratamentos de biofertilizante, aos 30, 60, 90 DAS e na colheita.

O maior número de vagens por planta foi registado na inoculação com *Rhizobium* e PSB, que se mostrou significativamente superior aos outros tratamentos de biofertilizante, aos 30, 60, 90 DAS e na colheita.

O maior número de grãos por vagem foi registado na inoculação com *Rhizobium* e PSB, que se mostrou significativamente superior aos outros tratamentos de biofertilizante, aos 30, 60, 90 DAS e na colheita.

O maior rendimento proteico da cultura foi registado na inoculação com *Rhizobium* e PSB, que se mostrou significativamente superior a outros tratamentos de biofertilizante, aos 30, 60, 90 DAS e na colheita.

A maior produção de sementes da cultura foi registada na inoculação com *Rhizobium* e PSB provou ser significativamente superior a outros tratamentos de biofertilizante, aos 30, 60, 90 DAS e na colheita.

A maior absorção de azoto da cultura foi registada na inoculação com *Rhizobium* e PSB, que se revelou significativamente superior aos outros tratamentos de biofertilizante, aos 30, 60, 90 DAS e na colheita.

A maior absorção de fósforo da cultura foi registada em Inoculação com *Rhizobium* e PSB provou ser significativamente superior a outros tratamentos de biofertilizante, aos 30, 60, 90 DAS e na colheita.

A maior absorção de potássio da cultura foi registada em Inoculação com *Rhizobium* e PSB provou ser significativamente superior a outros tratamentos de biofertilizante, aos 30, 60, 90 DAS e na colheita.

Conclusão

A aplicação de 40 kg P ha^{-1} com a inoculação de *Rhizobium* e PSB pode proporcionar maior rendimento, retorno líquido e rácio B-C em comparação com outros tratamentos.

BIBLIOGRAFIA

Ahlawat, I. P. S., & Gangaiah, B. D. (2010). Effect of land configuration and irrigation on sole and linseed (*Linum usitatissimum*) intercropped chickpea (*Cicer arietinum*). *Jornal Indiano de Investigação Agrícola, 80*(3), 250-253

Awasthi, R., Tewari, R., & Nayyar, H. (2011). Sinergia entre plantas e micróbios solubilizadores de P nos solos: efeitos sobre o crescimento e a fisiologia das culturas. *Revista Internacional de Investigação em Microbiologia, 2*(12), 484-503.

Barhate, B. C., Bendre, N. J., Mhase, L. B., & Aher, R. P. (2004). Effect of *Rhizobium* strains on nodulation and grain yield of chickpea (*Cicer arietinum L.*). *Legume Research-An International Journal, 27*(2), 151-152.

Bhakare, B. D., & Sonar, K. R. (2000). Formas de fósforo no solo influenciadas pela aplicação de fosfato à soja. *Journal of Maharashtra Agricultural Universities, 25*(1), 85-86.

Bhattarai, H. D., & Prasad, B. N. (2003). Efeito da inoculação dupla de *BradyRhizobium japonicum*

e *Azotobacter chroococcum*. *Indian Journal of Microbiology, 43*(2), 139-140.

Bhunia, S. R., Chauhan, R. P. S., Yadav, B. S., & Bhati, A. S. (2006). Effect of phosphorus, irrigation and *Rhizobium* on productivity, water use and nutrient uptake in fenugreek (*Trigonella foenum- graecum*). *Revista Indiana de Agronomia, 51*(3), 239-241.

Bothe, D. T., Sabale, R. N., & Raundal, P. U. (2000). Efeito do fósforo, população de plantas e solubilizador de P no sistema de cultivo de soja-feno-grego. *Jornal das Universidades Agrícolas de Maharashtra, 25*(3), 310-311.

Das, P. K., Sethi, M. K., Jena, M. K., & Patra, R. K. (1999). Efeito das fontes de P e da dupla inoculação de VA-mycorrhiza e *Rhizobium* na produção de matéria seca e na absorção de nutrientes pela grama verde (*Vigna radiata L.*). *Journal of the Indian Society of Soil Science (Índia)*.

Das, S., Pareek, B. L., Kumawat, A., & Dhikwal, S. R. (2013). Efeito do fósforo e dos biofertilizantes na produtividade do grão-de-bico (*Cicer arietinum L.*) no noroeste do Rajastão, Índia. *Legume Res, 38*, 511-14.

Dhankhar, R., Sheoran, S., Dhaka, A., & Soni, R. (2013). O papel das bactérias solublizantes de fósforo (PSB) na gestão do solo - uma visão geral. *Revista Internacional de Investigação para o Desenvolvimento, 3*(9), 31-36.

Dotaniya, M. L., & Meena, V. D. (2015). Efeito da rizosfera na disponibilidade de nutrientes no solo e sua absorção pelas plantas: uma revisão. *Actas da Academia Nacional de Ciências, Índia Secção B: Ciências Biológicas*, *85*(1), 1-12. Dubey, S. K. (1996). Resposta da soja ao fosfato de rocha aplicado com Pseudomonas striata num cromusta típico. *Journal of the Indian Society of Soil Science*, *44*(2), 252-255.

Dubey, S. K. (1999). Nodule Count, Dry Matter Accumulation and Seed Yield of Soybean as Influenced by *BradyRhizobium Japonicum* Inoculant Amended with Molybdenum in *Lithic Ustorthents* Under Rainfed Conditions. *Journal of the Indian Society of Soil Science*, *47*(2), 362-365.

Gangwar, S., & Dubey, M. (2012). Effect on N and P uptake by chickpea (*Cicer arietinum L.*) as influenced by micronutrients and biofertilizers. *Legume Research: An International Journal*, *35*(2).

GAUTAM, P., Agnihotri, A. K., & Pant, L. M. (2003). Efeito da taxa de fósforo e das espécies de Pseudomonas em combinação com *BradyRhizobium japonicum* e estrume de quinta na produção de sementes e atributos de produção de soja (Glycine max). *Revista Indiana de Ciências Agrícolas*, *73*(8), 426-428.

Goswami, S., Khan, R. A., Vyas, K. M., Dixit, J. P., & Namdeo, K. N. (1999). Response of soybean (*Glycine max*) to levels, sources and methods of phosphorus application. *Indian Journal of Agronomy*, *44*(1), 126-129.

Gupta, V., & Abraham, T. (2003). Efeito de diferentes níveis de enxofre e inoculação de *Rhizobium* na soja (*Glycine max L. Merril*) cv. JS 75-46. Em inceptisols. *Madras Agricultural Journal*, *90*(7-9), 406-410.

Ingle, Y. V., Potdukhe, S. R., Pardey, V. P., Burgoni, E. B., & Bramhankar, S. B. (2003). Efeito da dupla inoculação de *Rhizobium* e Azospirillum na nodulação e rendimento da soja (*Glycine max (L.) Merrill*). *ANAIS DE FISIOLOGIA VEGETAL*, *17*(1), 21-23.

Islam, M., Mohsan, S., Ali, S., Khalid, R., & Afzal, S. (2012). Resposta do grão-de-bico a vários níveis de fósforo e enxofre em condições de sequeiro no Paquistão. *Investigação Agrícola Romena*, *29*, 175-183.

Khamparia, N. K. (1995). Efeito da cultura de microfos e fósforo e suas interacções no crescimento, atributos de rendimento e rendimento das principais culturas kharif em condições de sequeiro. *Journal of Soils and Crops*, *5*(2), 126-128.

Khorgamy, A., & Farnia, A. (2009). Efeito da fertilização com fósforo e zinco no rendimento e nos componentes do rendimento de cultivares de grão-de-bico. Em *9th African Crop Science, Conference Proceedings, Cidade do Cabo, África do Sul, 28 de setembro-2 de outubro de 2009* (pp. 205-208). Sociedade Africana de Ciência das

Culturas.

Khutate, N. G., Mendhe, S. N., Dongarkar, K. P., Gudadhe, N. N., & Gavande, V. H. (2005). Efeito dos tratamentos de gestão de nutrientes no crescimento e rendimento da soja. *Journal of Soils and Crops*, *15*(2), 411-414. Kulkarni, S., Sarangmath, P. A., Salakinkop, S. R., & Gaddi, A. V. (2000). Resposta do grão-de-bico (*Cicer arie11num L.*) ao fosfato de rocha e aos solubilizadores de fosfato em cromossistema típico. *Legume Research-An International Journal*, *23*(1), 21-24.

Kumar, A., & Singh, R. K. (2004). Gestão de N e P no sistema de culturas intercalares Trigo + Grão-de-bico em caracteres de atribuição de rendimento e rendimento do Grão-de-bico em condições de sequeiro. *Annals of Agricultural Research New series, 25: 300, 305.*

Kumar, D., Arvadiya, L. K., Kumawat, A. K., Desai, K. L., & Patel, T. U. (2014). Rendimento, teor de proteínas, teor de nutrientes e absorção de grão-de-bico (*Cicer arietinum L.*) influenciados por níveis graduados de fertilizantes e biofertilizantes. *Res. J. Chem. Environ. Sci, 2*(6), 60-64.

Lanje, P. W., Buldeo, A. N., Zade, S. R., & Gulhane, V. G. (2005). O efeito de *Rhizobium* e solubilizadores de fósforo na nodulação, matéria seca, proteína de semente, óleo e rendimento de soja. *Journal of Soils and Crops*, *15*(1), 132-135.

Mandhare, V. K., Kalbhor, H. B., & Patil, P. L. (1995). Efeitos de VA-Mycorrhiza, *Rhizobium* e fósforo no amendoim de verão. *JOURNAL-MAHARASHTRA AGRICULTURAL UNIVERSITIES*, *20*, 261-262.

Meena, L. R., Singh, R. K., & Gautam, R. C. (2003). Resposta do grão-de-bico (*Cicer arietinum L.*) a práticas de conservação da humidade, níveis de fósforo e inoculação bacteriana em condições de sequeiro. *Revista Internacional de Agricultura Tropical*, *21*(1-4), 149-160.

Mishra, S. K. (2003). Effect of *Rhizobium* inoculation, nitrogen and phosphorus on root nodulation, protein production and nutrient uptake in cowpea. *Ann. Agric. Res. New Series, 24*, 139-144.

Mukherjee, P. K., & Rai, R. K. (1999). Sensibilidade da absorção de P à mudança no crescimento das raízes e no volume do solo, influenciada pelos níveis de VAM, PSB e P no trigo e no grão-de-bico. *Annals Agric. Res, 20*, 528-30.

Mukherjee, P. K., & Rai, R. K. (2000). Effect of vesicular arbuscular mycorrhizae and phosphate- solubilizing bacteria on growth, yield and phosphorus uptake by wheat (*Triticum aestivum*) and chickpea (*Cicer arietinum*). *Indian Journal of Agronomy*,

45(3), 602-607.

Nagarajan, P., & Balachandar, D. (2001). Influência do *Rhizobium* e dos aditivos orgânicos na nodulação e no rendimento de grãos de grama preta e grama verde em solo ácido. *Madras Agricultural Journal, 88*(10/12), 703-704.

Namedo, S. L., & Gupta, S. C. (1999). Eficácia de biofertilizantes com diferentes níveis de fertilizante químico em ervilha-de-angola (*Cajanus cajan*). *Crop Res, 18*(1), 29-33.

Nimje, B. H., & Potkile, S. N. (1997). Estudos bioquímicos em soja influenciados por diferentes fontes e níveis de fósforo. *Journal of Phytological Research, 10*(1-2), 103-105.

Pal, S. S. (1997). Estirpes tolerantes a ácidos de bactérias solubilizadoras de fosfato e suas interacções na sequência de culturas soja-trigo. *Journal of the Indian Society of Soil Science, 45*(4), 742-746. Paratey, P. R., & Wani, P. V. (2005). Resposta da soja (cv. JS-335) a biofertilizantes solubilizadores de fosfato. *Legume Res, 28*(4), 268-271.

Patel, D. P., Munda, G. C., & Singh, N. P. (2002). Resposta do amendoim à inoculação de *Rhizobium* e PSM nos solos ácidos de Meghalaya. *JOURNAL OF OILSEEDS RESEARCH, 19*(2), 245- 246.

Patel, D., Arvadia, M. K., & Patel, A. J. (2007). Effect of integrated nutrient management on growth, yield and nutrient uptake by chickpea on vertisol of south Gujarat. *Journal of Food Legumes, 20*(1), 113.

Patel, S. R., & Thakur, D. S. (2003). Resposta da grama preta (*Phaseolus mungo*) a níveis de fósforo e bactérias solubilizadoras de fosfato. *Annals of Agricultural Research, 24*(4), 819- 823.

Patil, A. B., Naik, N. M., Jones Nirmalnath, P., & Alagawadi, A. R. (2010). Efeito de inoculações combinadas de rizobactérias promotoras do crescimento de plantas (PGPR) no crescimento e produtividade da soja (*Glycine max L.*). *Karnataka Journal of Agricultural Sciences, 17*(4).

Paul, S., & Verma, O. P. (1999). Influência da inoculação combinada de Azotobacter e *Rhizobium* no rendimento do grão-de-bico (*Cicer arietinum L.*). *Indian Journal of Microbiology, 39*(4), 249-252. Potdukhe, S. R., & Guldekar, D. D. (2003). Estudos sobre o efeito sinérgico da inoculação dupla de *Rhizobium*, BSP e bactérias antagonistas na nodulação e rendimento de grãos de feijão-mungo. *Anais de Fisiologia Vegetal, 17*(1), 78-80.

Rajasekhar, A., Babu, G. P., & Reddy, T. K. K. (2002). Effect of dual inoculation of *Rhizobium* and vesicular arbuscular mycorrhizae on biomass of red sanders,

Pterocarpus santalinus L. *Legume Research-An International Journal*, *25*(3), 208-210.

Rajendran, K., & Lourduraj, A. C. (2000). Efeito dos regimes de irrigação, população de plantas e níveis de fósforo nos atributos de rendimento e rendimento da soja (*Glycine max (L.) Merrill*). *Ata Agronomica Hungarica*, *48*(3), 263-269.

Rathore, D. S., Purohit, H. S., & Yadav, B. L. (2010). Gestão integrada do fósforo no rendimento e na absorção de nutrientes do feijão-urd em condições de sequeiro no sul do Rajastão. *Journal of food legumes*, *23*(2), 128-137.

Rooge, R. B., Patil, V. C., & Ravikishan, P. (1998). *Efeito da aplicação de fósforo com organismos solubilizadores de fosfato no rendimento, qualidade e absorção de P da soja* (No. RESEARCH).

Rokhzadi, A., & Toashih, V. (2011). Absorção de nutrientes e rendimento do grão-de-bico (*Cicer arietinum L.*) inoculado com rizobactérias promotoras do crescimento de plantas. *Australian Journal of Crop Science*, *5*(1), 44-48.

Rudresh, D. L., Shivaprakash, M. K., & Prasad, R. D. (2005). Effect of combined application of *Rhizobium*, phosphate solubilizing bacterium and Trichoderma spp. on growth, nutrient uptake and yield of chickpea (*Cicer aritenium L.*). *Applied soil ecology*, *28*(2), 139-146.

Sahni, S., Sarma, B. K., Singh, D. P., Singh, H. B., & Singh, K. P. (2008). O vermicomposto melhora o desempenho das rizobactérias promotoras do crescimento das plantas na rizosfera de Cicer arietinum contra *Sclerotium rolfsii*. *Crop Protection*, *27*(3-5), 369-376.

Sarawgi, S. K., Tiwari, R. K., & Tripathi, R. S. (1999). Absorção e balanço de azoto e fósforo na grama (*Cicer arietinum*) influenciados pelo fósforo, biofertilizante e micronutrientes em condições de sequeiro. *Indian Journal of Agronomy*, *44*(4), 768-772.

Sardana, V., Sheoram, P., & Singh, S. (2006). Effect of Biofertilizers and Phosphorus on Growth and yield of Chickpea (*Cicer arietinum L.*). *Indian Journal of Pulses Research*, *19*, 216.

Sharma, K. N., & Namdeo, K. N. (1999). Efeito dos biofertilizantes e do fósforo nos teores de NPK, na absorção e na qualidade dos grãos de soja (*Glycine max L. Merrill*) e no estado nutricional do solo. *Crop Res*, *17*(2), 164-169.

Sharma, R. K., Singh, V., Chauhan, S., & Sharma, R. A. (2002). Estudos sobre a influência de vários níveis e fontes de enxofre no rendimento das sementes e na composição bioquímica da soja (*Glycine max L. Merrill*). *Journal of Research on Crops*, *2*(3), 317-

319.

Sharma, S. C., & Vyas, A. K. (2002). Influência da nutrição de fósforo e da FYM nos parâmetros de qualidade da soja e do trigo subsequente. *Annals Agric. Res*, *23*(1), 141-145.

Sharma, V., & Abrol, V. (2007). Effect of phosphorus and zinc application on yield and uptake of P and Zn by chickpea under rainfed conditions. *Journal of food legumes*, *20*(1), 49.

Shrivastava, U. K., & Rajput, R. L. (2000). Effect of PSB on seed yield of black gram (Phaseolus mungo). *Bhartiya Krishi Anusandhan Patrika*, *15*(1/2), 39-41.

Singh, B., & Pareek, R. G. (2003). Estudos sobre fósforo e bio-inoculantes na fixação biológica de azoto, concentração, absorção, qualidade e produtividade do feijão-mungo. *Annals of Agricultural Research*, *24*(3), 537-541.

Singh, B., Singh, C. P., & Singh, M. (2003). Resposta do moong de verão (*Vigna radiata L.*) a níveis de fósforo e inoculação de PSB em solo franco-arenoso. *Annals of Agri L Res*, *24*(4), 860-866.

Singh, D. D., & Sharma, A. (2001). Resposta do blackgram (*Phaseolus mungo*) à fertilização com fósforo e inoculação com *Rhizobium* nos solos montanhosos de Assam. *Annals of Agricultural Research*, *22*(1), 151-153.

Singh, M., Tripathi, A. K., Kundu, S., Ramana, S., & Takkar, P. N. (1998). Effect of seed inoculation and FYM on biological N fixation in soybean and nitrogen balance under soybean-wheat system on Vertisol. *Journal of the Indian Society of Soil Science*, *46*(4), 604-609.

Singh, R. P., Gupta, S. C., & Yadav, A. S. (2008). Efeito dos níveis e fontes de fósforo e PSB no crescimento e rendimento da grama preta (*Vigna mungo L. Hepper*). *Legume Res*, *31*(2), 139-141. Singh, R., & Prasad, K. (2008). Effect of vermicompost, *Rhizobium* and DAP on growth, yield and nutrient uptake by chickpea. *Journal of Food legumes*, *21*(2), 112-114.

Singh, R., & Rai, R. K. (2004). Atributos de rendimento, rendimento e qualidade da soja (Glycine max) influenciados pela gestão integrada de nutrientes. *Indian Journal of Agronomy*, *49*(4), 271-274.

Singh, S., Chandel, A. S., & Saxena, S. C. (1995). Effect of phosphorus on total biomass, grain yield and nitrogen uptake in soybean (*Glycine max*). *Indian Journal of Agricultural Sciences (Índia)*. Tagore, G. S., Sharma, S. K., & Shah, S. K. (2014). Efeito dos inoculantes microbianos na absorção de nutrientes, rendimento e qualidade de genótipos de grão-de-bico. *Int. J. Agric. Sc & Vet. Med*, *2*(2), 18-23.

Tamboli, B. D., & Daftardar, S. Y. (2001). Effect of phosphorus sources on root characteristics, yield and P uptake by legumes. *Jornal das Universidades Agrícolas de Maharashtra*, *26*(1-3), 243-246.

Tanwar, S. P. S., & Shaktawat, M. S. (2004). Integrated phosphorus management in soybean-wheat cropping system in Southern Rajasthan.

Tanwar, S. P. S., Sharma, G. L., & Chahar, M. S. (2003). Effect of phosphorus and biofertilizers on yield, nutrient content and uptake by black gram [*Vigna mungo (L.) Hepper*]. *Legume Research-An International Journal*, *26*(1), 39-41.

Thenua, O. V. S., Singh, S. P., & Shivakumar, B. G. (2010). Produtividade e economia do sistema de cultivo de grão-de-bico (*Cicer arietinum*)-sorgo forrageiro (*Sorghum bicolor*) sob a influência de fontes de P, biofertilizantes e irrigação para o grão-de-bico. *Indian Journal of Agronomy*, *55*(1), 22-27.

Tomar, S. S., Khankar, U. R., & Sharma, S. K. (2002). Availability of phosphorus to black gram as influenced by phosphate solubilizing bacteria and phosphate levels. *JNKVV, Res. J*, *36*(1-2), 98-100.

Tyagi, M. K., Singh, C. P., Bhattacharayya, P., & Sharma, N. L. (2003). EFEITO DA DUPLA INOCULAÇÃO DE RIZÓBIO E BACTÉRIAS SOLUBILIZADORAS DE FOSFATO (PSB) EM ERVILHA (P/SUM SATIVUM L.). *Indian J. Agric. Res*, *37*(1), 1-8.

Yadav, R. D., & Malik, C. V. S. (2005). Effect of *Rhizobium* inoculation and various sources of nitrogen on growth and yield of cowpea [*Vigna unguiculata (L.) Walp.*]. *Legume Research-An International Journal*, *28*(1), 38-41.

APÊNDICES

APÊNDICE I

ANOVA para altura da planta (cm) aos 30, 60, 90 DAS e na colheita do grão-de-bico

Fontes de variação	D. F.	Média Soma dos quadrados			
		30 DAS	60 DAS	90 DAS	Na colheita
Replicação	2	1.69	22.09	22.24	21.22
Fósforo (P)	3	7.35	84.23	81.89	80.64
Biofertilizantes (B)	3	34.81	102.77	103.15	103.00
P X B	9	1.49	16.31	16.23	15.46
Erro	30	1.90	10.34	10.50	15.01

ANOVA para o número total de ramos aos 60, 90 DAS e na colheita do grão-de-bico

Fontes de variação	D. F.	Média Soma dos quadrados		
		60 DAS	**90 DAS**	**Na colheita**
Replicação	2	1.07	13.00	2.08
Fósforo (P)	3	3.66	46.16	49.12
Biofertilizantes (B)	3	6.50	60.47	58.05
P X B	9	0.09	1.45	2.71
Erro	30	0.36	4.04	4.00

APÊNDICE III

ANOVA para a acumulação de matéria seca aos 30, 60, 90 DAS e na
colheita do grão-de-bico

Fontes de variação	D. F.	Média Soma dos quadrados			
		30 DAS	60 DAS	90 DAS	Na colheita
Replicação	2	0.00	0.01	0.05	0.15
Fósforo (P)	3	0.95	5.33	16.61	34.05
Biofertilizantes (B)	3	1.04	4.50	22.51	30.25
P X B	9	0.02	0.05	0.22	0.53
Erro	30	0.03	0.57	1.81	3.88

APÊNDICE IV

ANOVA para vagens por planta, grãos por vagem e peso de 1000
sementes na colheita de grão-de-bico

Fontes de variação	D. F.	Média Soma dos quadrados		
		vagens por planta	grão por vagem	100 peso da semente (Índice de sementes)
Replicação	2	0.33	0.00	3.95
Fósforo (P)	3	461.43	0.64	102.22
Biofertilizantes (B)	3	212.39	0.44	83.40
P X B	9	8.10	0.01	2.40
Erro	30	13.08	0.02	6.70

95

ANOVA para rendimento de grãos por hectare, rendimento de palha e rendimento biológico kg ha^{-1} na colheita de grão-de-bico.

Fontes de variação	D. F.	Média Soma dos quadrados		
		Grãos Rendimento	Rendimento em palha	rendimento biológico (kg ha)$^{-1}$
Replicação	2	261148.10	1342360.80	2787480.00
Fósforo (P)	3	991258.20	2064723.02	5767979.00
Biofertilizantes (B)	3	1805114.00	6537582.83	15178152.00
P X B	9	52099.82	120324.50	367805.20
Erro	30	90106.24	330590.33	764036.60

Fontes de variação	D. F.	Número de nódulos por planta	
		30 DAS	60 DAS
Replicação	2	0.09	0.12
Fósforo (P)	3	51.74	104.73
Biofertilizantes (B)	3	35.04	52.75
P X B	9	0.60	1.16
Erro	30	3.86	5.98

<h1 align="center">APÊNDICE VII</h1>

Fontes de variação	D. F.	Taxa média de crescimento da cultura (TCG) g m^{-2} dia^{-1}		
		30-60 DAS	60-90 DAS	90 DAS-At colheita
Replicação	2	0.01	0.04	0.04
Fósforo (P)	3	5.35	8.68	9.72
Biofertilizantes (B)	3	3.49	19.19	7.33
P X B	9	0.04	0.15	0.23
Erro	30	0.95	0.96	1.35

More
Books!

info@omniscriptum.com
www.omniscriptum.com
OMNIScriptum

Printed by Books on Demand GmbH, Norderstedt / Germany